楼宇消防系统设计与施工

主 编 胡 敏 王坚锋

U0276959

ZHEJIANG UNIVERSITY PRESS
浙江大学出版社

图书在版编目(CIP)数据

楼宇消防系统设计与施工 / 胡敏,王坚锋主编. —杭州：
浙江大学出版社，2016.4
ISBN 978-7-308-15605-9

Ⅰ.①楼… Ⅱ.①胡… ②王… Ⅲ.①建筑物－防火
系统－系统设计 ②建筑物－防火系统－工程施工 Ⅳ.①TU892

中国版本图书馆 CIP 数据核字（2016）第 027016 号

楼宇消防系统设计与施工

主　编　胡　敏　王坚锋

责任编辑　王元新
责任校对　王　波
封面设计　林智广告
出版发行　浙江大学出版社
　　　　　（杭州市天目山路 148 号　邮政编码 310007）
　　　　　（网址：http://www.zjupress.com）
排　　版　杭州中大图文设计有限公司
印　　刷　临安市曙光印务有限公司
开　　本　787mm×1092mm　1/16
印　　张　9.25
字　　数　225 千
版 印 次　2016 年 4 月第 1 版　2016 年 4 月第 1 次印刷
书　　号　ISBN 978-7-308-15605-9
定　　价　28.00 元

前　言

　　"楼宇消防系统设计与施工"是楼宇智能化工程技术专业的重要实践教学环节。本课程是楼宇智能化工程技术专业的一门专业核心课程，在专业建设中占有非常重要的地位。本课程具有工程性强、理论和实践相结合等特点。该课程结合实际的楼宇消防系统，使学生能够熟悉和掌握目前比较通用的楼宇消防系统的设计、施工、运行、维护等工作。

　　通过楼宇消防系统设计与施工课程实训，使学生熟悉楼宇消防系统基本知识，掌握常用楼宇消防系统的结构、性能、参数，同时熟悉常用消防系统操作平台和常用仪器仪表的使用，能安装维修较简单的消防控制设备，初步形成解决实际问题的能力。

　　本教材以模块化的形式组织教学内容，由简单到难，逐步深入地介绍了楼宇消防系统的各个模块，内容较为完整，包括火灾探测报警系统、消防防排烟系统、消防广播电话系统、消防水系统以及消防系统综合应用。本教材安排了火灾探测报警系统等八个实训项目，每个模块的知识点组织都围绕任务展开，采用任务驱动法的组织形式，让学生在课程学习的过程中，能够更加主动，积极地参与到任务的各个环节当中。

　　本书由胡敏、王坚锋主编，由李博老师对本书进行统稿，由于时间仓促，作者水平有限，书中难免存在不足之处，希望大家批评指正！

目　　录

模块一　火灾探测报警系统设计与施工

 教学目标

1. 掌握火灾探测报警系统的系统结构
2. 掌握火灾探测报警系统的工作原理
3. 掌握火灾探测报警系统主要设备的功能
4. 掌握火灾探测报警系统的安装与调试

 **教学导航**

知识重点：1. 火灾特征及熄灭方法
　　　　　2. 火灾探测器的分类与布置
　　　　　3. 火灾探测报警系统的功能组成

模块难点：1. 火灾探测器的选择与布置
　　　　　2. 火灾探测报警系统的安装与调试

教学方式：1. 播放消防火灾相关视频
　　　　　2. 小组讨论火灾形成原理
　　　　　3. 讲解火灾探测报警系统理论知识
　　　　　4. 学生分组构建火灾探测系统
　　　　　5. 学生分组归纳总结汇报

技能重点：1. 火灾自动报警系统国家规范的查阅能力
　　　　　2. 产品说明书的查阅能力
　　　　　3. 火灾探测报警系统安装与调试的方法

 背景资料

　　火灾自动报警系统(Fire Alarm System,FAS)是人们为了早期发现通报火灾,并及时采取有效措施控制和扑灭火势,而设置在建筑物中或其他场所的一种自动消防设施,是人们同火灾作斗争的有力工具。

　　火灾自动报警系统是由触发器件、火灾报警装置、火灾警报装置以及具有其他辅助功能的装置组成的火灾报警系统。它能够在火灾初期,将燃烧产生的烟雾、热量和光辐射等物理量,通过感温、感烟和感光等火灾探测器变成电信号,传输到火灾报警控制器,并同时显示出火灾发生的部位,记录火灾发生的时间。一般火灾自动报警系统和自动喷水灭火系统、室内外消火栓系统、防排烟系统、通风系统、空调系统、防火门、防火卷帘、挡烟垂壁等相关设备联动,自动或手动发出指令、启动相应的装置。

火灾自动报警系统一般由火灾探测报警系统、消防联动控制系统、可燃气体探测报警系统和电气火灾监控系统等构成。

火灾探测报警系统由火灾报警控制器、火灾探测器、手动火灾报警按钮、火灾显示盘、消防控制室图形显示装置、火灾声和(或)光警报器等全部或部分设备组成,完成火灾探测报警功能。

项目一　火灾探测器安装与运行调试

一、任务目标

1. 掌握火灾探测器的工作原理
2. 掌握火灾探测器的使用方法
3. 掌握火灾探测器的安装施工及运行调试

二、任务准备

模拟房间实训平台,导线若干,万用表,各种型号的螺丝刀、剥线钳、捆扎带、热缩管、电烙铁以及如表 1-1 所示的设备。

表 1-1　设备材料

序号	设备	数量
1	点型感温探测器	1
2	点型感烟探测器	1
3	点型燃气探测器	1
4	火灾报警控制器	1
5	编码器	1

(一)点型感温火灾探测器

JTWB-ZCD-G1(A)点型感温火灾探测器为无极性二总线制,是利用热敏元件对温度的敏感性来检测环境温度,内置单片机,固化火灾判断程序。与 GST-LD-8320 终端器配合使用,可与多线制火灾报警控制器或通过 GST-LD-8319 编址接口模块与火灾报警控制器相连,完成探测器的信号处理。JTWB-ZCD-G1(A)点型感温火灾探测器如图 1-1 所示。

1. 工作原理

探测器采用热敏电阻作为传感器,传感器输出信号经放大电路进行变换后输入到单片机,单片机利用智能算法进行信号处理。探测器采用电流输出方式,当单片机检测到火警信号后,点亮火警指示灯,同时回路电流增大。

2. 应用说明

点型感温火灾探测器为非编码设备,故需与输入模块 8319 和终端器结合使用,连接方

图 1-1　JTWB-ZCD-G1 点型感温火灾探测器

式如图 1-2 所示。一个 8319 最多可串联 15 个点型感温火灾探测器和一个终端器,输入模块 8319 输出回路的任何一只现场设备报警后,输入模块都会将报警信息传给报警控制器,控制器产生报警信号并显示出输入模块的地址编号。编址接口模块具有输出回路断路检测功能,当输出回路断路时,编址接口模块可将此故障信号传给火灾报警控制器;当摘除输出回路中任意一只现场设备后,编址接口模块将报故障,若接终端器则不影响其他现场设备正常工作。

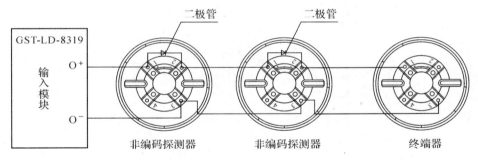

图 1-2　感温火灾探测器的接线方式

设备外形如图 1-3 所示,有四个接线端子,无极性二总线对角连接。

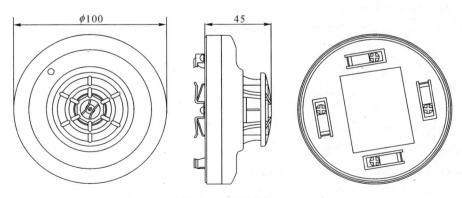

图 1-3　探测器外形

指示灯:报警确认灯,红色,巡检时闪烁,报警时常亮。

器件的接线端:端子分别为"1""2""3""4",其中"1"和"3"组成一对总线,"2"和"4"组成一对总线。

保护面积:当空间高度小于 8m 时,一个探测器的保护面积,对一般保护现场而言为 20~30m²。具体参数应以《火灾自动报警系统设计规范》(GB 50116)为准。

(二)编码输入模块

GST-LD-8319 型输入模块(见图 1-4)是一种编码模块,用于连接非编码探测器,只占用一个编码点,当接入模块输出回路的任何一只现场设备报警后,模块都会报警,火灾报警控制器产生报警信号并显示出模块的地址编号。本模块可配接相应的非编码点型光电感烟火灾探测器、非编码点型差定温火灾探测器、非编码点型复合式感烟感温火灾探测器及非编码点型紫外火焰探测器等。模块输出回路最多可连接 15 只非编码现场设备,多种探测器可以混用。若输出回路中接有 JTG-ZW-GIB 点型紫外火焰探测器,则其数量应不超过 3 只。

图 1-4　GST-LD-8319 型输入模块

GST-LD-8319 型输入模块具有以下特点:

模块具有输出回路短路、断路故障检测功能

模块具有对探测器被摘掉后的故障检测功能

模块的地址码为电子编码,可现场改写

GST-LD-8319 型输入模块接线端子:

Z_1、Z_2:接控制器二总线,无极性

D_1、D_2:接直流 24V,无极性

$O+$、$O-$:输出,有极性

(三)点型光电感烟火灾探测器

JTY-GD-G3 点型光电感烟火灾探测器(见图 1-5)是采用红外散射原理工作的点型光电感烟火灾探测器。本器件为可编码设备,可用编码器对其直接进行编码。探测器采用红外线散射原理探测火灾,在无烟状态下,只接收很弱的红外光,当有烟尘进入时,由于散射作用,使接收光信号增强,当烟尘达到一定浓度时,可输出报警信号。为减少干扰及降低功耗,

发射电路采用脉冲方式工作,可提高发射管使用寿命。

图 1-5　JTY-GD-G3 点型光电感烟火灾探测器

指示灯:报警确认灯,红色,巡检时闪烁,报警时常亮。

器件的接线端:端子分别为"1""2""3""4",其中"1"和"3"组成一对总线,"2"和"4"组成一对总线。

保护面积:当空间高度小于 8m 时,一个探测器的保护面积,对一般保护现场而言为 20～30m^2。具体参数应以《火灾自动报警系统设计规范》(GB 50116)为准。

(四)火灾报警控制器

GST200 火灾报警控制器(联动型)典型配置包括主控制器、显示操作盘、智能手动操作盘。控制器集报警、联动于一体,通过总线、多线的控制可完成探测报警及消防设备的启/停控制等功能。GST200 火灾报警控制器(联动型)的外观及内部结构如图 1-6 和图 1-7 所示。

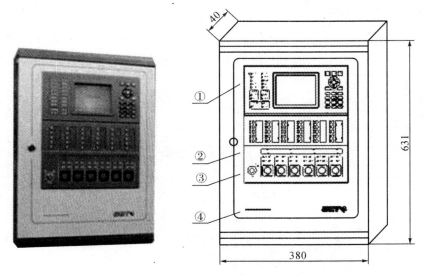

①显示操作盘　②智能手动操作盘　③多线制锁　④打印机
图 1-6　GST200 火灾报警控制器(单位:mm)

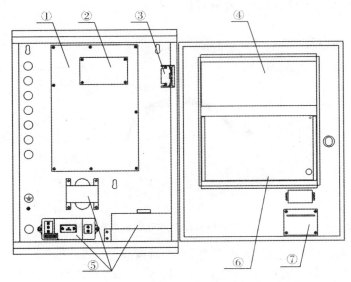

①主板　②联网板　③扬声器　④显示操作盘　⑤电源系统　⑥智能手动操作盘　⑦打印机

图 1-7　GST200 火灾报警控制器内部结构

1.显示操作盘(见图 1-8)

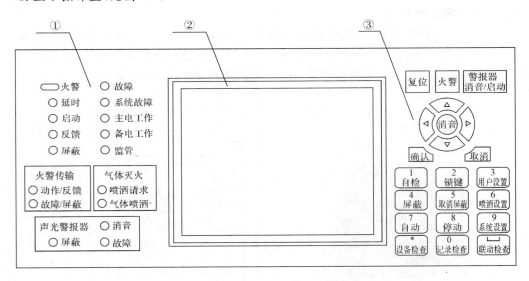

①指示灯区　②液晶显示屏　③按键区

图 1-8　显示操作盘

显示盘按键操作说明:

复位键:按下该键确认后可将设备恢复到开机初始状态。

报警器消音/启动键:可对报警器消音及启动。

▲▼◀▶方向键:上下左右滚动选择所需的选项。

确认键:确认当前操作或保存当前操作。

取消键:退出当前操作或撤消当前。

自检键:按下该键系统将进行声光检查。

锁键:按下该键输入密码确认之后可对系统操作进行锁闭,在进行下次操作时必须要键入密码才能进入系统操作。

用户设置键:用于进入用户设置菜单。

屏蔽与取消屏蔽键:通过输入需要屏蔽的设备二次码进行屏蔽指定设备或解除屏蔽。

喷洒设置:设置是喷洒的允许与否。

启动键:通过输入需要启动的二次码进行直接启动该设备。

停动键:通过输入需要启动的二次码进行停动该设备。

系统设置键:用于进入系统设置菜单。

设备检查键:可检查现场设备、操作盘、网络设备、禁止输出设备气体保护区设备的详细信息。

联动检查键:查看已编写的联动公式。

联动检查:查看系统内已编的联动公式。

2.手动操作盘面板说明

手动盘的每一单元均有一个按键、两只指示灯(启动灯在上,反馈灯在下,均为红色)和一个标签。其中,按键为启/停控制键,如按下某一单元的控制键,则该单元的启动灯亮,并有控制命令发出,如被控设备响应,则反馈灯亮。用户可将各按键所对应的设备名称书写在设备标签上面,然后与膜片一同固定在手动盘上。手动操作盘面板外形如图 1-9 所示。

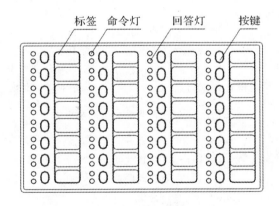

图 1-9 手动操作盘面板

3.直接控制盘面板

直接控制盘面板(见图 1-10)是多线制设备的操作面板。面板的多线制部分具有手动锁以及对应的指示灯,设有 6 路控制功能,每路包括 4 只指示灯、1 只按键:

手动锁:用于选择手动启动方式,可设置为手动禁止或手动允许。

手动允许指示灯:绿色,当手动锁处于允许状态时,此灯点亮。

工作灯:绿色,正常上电后,该灯亮。

故障灯:黄色,该路外控线路发生短路和断路时,该灯亮。

命令灯:红色,发出命令信号时该灯点亮,如果 10s 内未收到反馈信号,该灯闪烁。

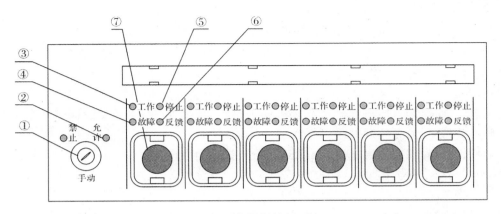

图 1-10　直接控制盘面板

反馈灯：红色，接收到反馈信号时，该灯点亮。

按键：此键按下，向被控设备发出启动或停动的命令。

4. 用户设置菜单栏

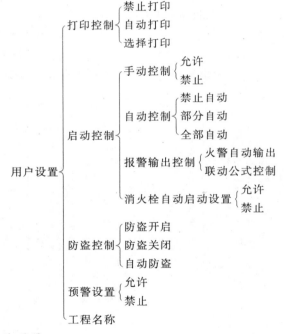

5. BMQ-1 型电子编码器

BMQ-1 型电子编码器（以下简称"编码器"）可对电子编码的探测器或模块进行地址号、年号、批次号、灵敏度、型号的读出和写入；对数字化总线从设备实现灵敏度级别、设备类型、逻辑地址的写入和年号、批次号、序列号、设备类型、灵敏度级别的读出，还可以实现对火灾显示盘地址灯的总数及每个灯所对应的二次码的编写与读出。BMQ-1 型电子编码器如图 1-11 所示。

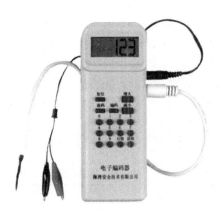

图 1-11　BMQ-1 型电子编码器

（1）读码

按下读码键，液晶屏上将显示探测器或模块的已有地址编码，按"增大"键，将依次显示脉宽、年号、批次号、灵敏度、探测器型号；按"清除"键后，回到待机状态。如果读码失败，屏幕上将显示错误信息"E"，按"清除"键清除。

（2）编码

在待机状态，输入探测器或模块的地址编码，按下"编码"键，屏幕出现"P"，表示编码成功。

（3）探测器灵敏度或模块输入设定参数的写入

在待机状态，输入开锁密码，按下"清除"键，此时锁已被打开；按下"功能"键，再按下数字键"3"，屏幕上最后一位会显示一个"——"，输入相应灵敏度或设定参数，按下"编码"键屏幕上将显示一个"P"字，表明相应的灵敏度或模块输入参数已被写入；按"清除"键清除；输入加锁密码，按"清除"键返回。模块参数如表 1-2 所示。

模块输入设定参数的现场设定：

LD-8300 编码单输入模块出厂默认为常开 4，现场可设定为常闭 7。

LD-8301 编码输入/输出模块出厂默认为常开 4，现场可设定为常闭 7 或自回答 3。

LD-8303 编码双输入/输出模块出厂默认为常开 4，现场可设定如表一各参数。

LD-8305 编码广播切换模块出厂默认为自回答 3，现场可设定常闭 7 或常开 4。

GST-LD-8306 编码防盗接口模块出厂默认为常闭 7，现场可设定为常开 4。

LD-8308 气体灭火控制模块出厂默认为常开 4，现场可设定为常闭 7。

表 1-2　模块参数表

设定参数	输入方式	设定参数	输入方式
1	一路自回答、二路常开	2	一路常开、二路自回答
3	两路自回答	4	两路常开（出厂设置）
5	一路常闭、二路常开	6	一路常开、二路常闭
7	两路常闭	8	一路自回答、二路常闭

三、任务实施

(一)任务预习阶段

1.学习感温探测器、感烟探测器、燃气探测器的工作原理。

2.收集相关设备的说明书。

3.学习"知识连接"相关内容。

4.完成如表1-3和表1-4所示的预习知识。

表1-3　一般了解——火灾探测器一般知识填写(40分)

预习内容		将合理的答案填入相应栏目	分值	得分
火灾特征	火灾过程的规律		10分	
	火灾的分类		10分	
	点型和线型火灾探测器区别		5分	
火灾探测器	感温探测器的原理		5分	
	燃气探测器的原理		5分	
	感烟探测器的原理		5分	

表1-4　核心理解——火灾探测器核心知识填写(60分)

预习内容		将合理的答案填入相应栏目	分值	得分
探测器原理	探测器接线端子说明		10分	
	输入模块8319的作用		10分	
	燃气探测器接线端子		10分	

续表

预习内容		将合理的答案填入相应栏目	分值	得分
总线技术	总线的特点		10 分	
	设备为什么要编码		10 分	
	Z_1、Z_2，D_1、D_2 接线端子作用		10 分	

(二)任务执行阶段

1.绘制原理图

学生分组,绘制如图 1-12 所示系统的接线图,要求用 AutoCAD 绘制。各接线端子的工作原理,自行查阅资料了解。

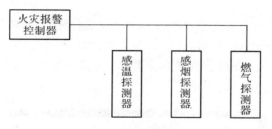

图 1-12　火灾探测器接线系统

2.安装接线

设备安装要求:设备位置合理、安装方法正确、设备安装牢固;感温探测器等吸顶设备要安装在实训模拟房间的顶部。实际工程中,探测器安装示意图如图 1-13 所示。

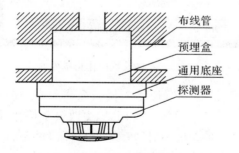

图 1-13　探测器安装

探测器的底座如图 1-14 所示。底座上有 4 个导体片,片上带接线端子,底座上设定位卡,便于调整探测器报警确认灯的方向。布线管内的探测器总线分别接在任意对角的两个接线端子上(不分极性),另一对导体片用来辅助固定探测器。待底座安装牢固后,将探测器底部对正底座顺时针旋转,即可将探测器安装在底座上。

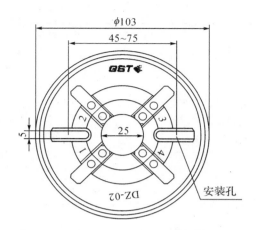

图 1-14　探测器通用底座外形(单位:mm)

接线要求:探测器二总线宜选用截面积≥1.0mm² 的 RVS 双绞线。接线要求平直整洁、接头无分叉,走线尽量短。走线垂直,每个设备的走线,都必须是从最近距离的线槽走。

3.设备注册

基于总线的探测器,需要在火灾报警控制器上先进行注册,才能被识别。

设备注册时,按下"系统设置"键,进入系统设置操作菜单(见图 1-15),再按对应的数字键可进入相应的界面。进入系统设置界面需要使用管理员密码(或更高级密码)解锁后才能进行操作。

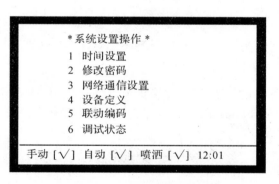

图 1-15　系统设置操作菜单界面

在系统设置操作状态下,键入"6",便进入调试操作状态,如图 1-16 所示。调试状态提供了设备直接注册、数字命令操作、总线设备调试、更改设备特性、恢复出厂设置五种操作。

在图 1-16 界面下选择"设备直接注册",系统可对外部设备、显示盘、手动盘、从机、多线制盘重新进行注册并显示注册信息,而不影响其他信息,如图 1-17 所示。

例如,外部设备的注册如图 1-18 所示。

注:外部设备注册时显示的编码为设备的原始编码,后面的数量为检测到相同原始编码设备的数量,当有设备原始编码重码时,在显示重码设备数量的同时,还将重码事件写入运行记录器中,可在注册结束后查看重码记录情况在用户编码位置为 3 位原始编码号、3 位重

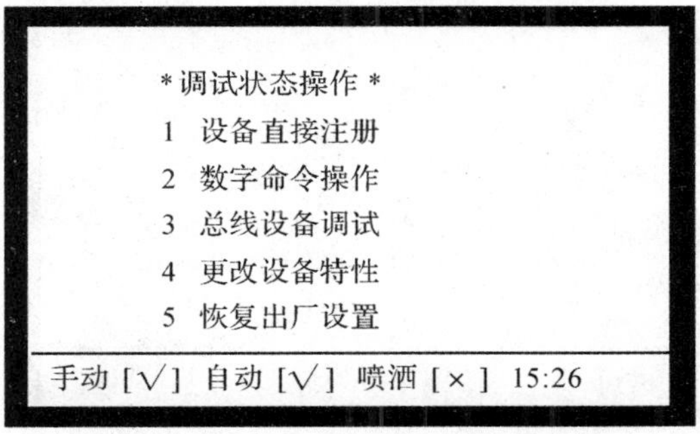

```
        * 调试状态操作 *
    1   设备直接注册
    2   数字命令操作
    3   总线设备调试
    4   更改设备特性
    5   恢复出厂设置
  ─────────────────────────────
  手动 [√]  自动 [√]  喷洒 [×]  15:26
```

图 1-16　调试状态操作界面

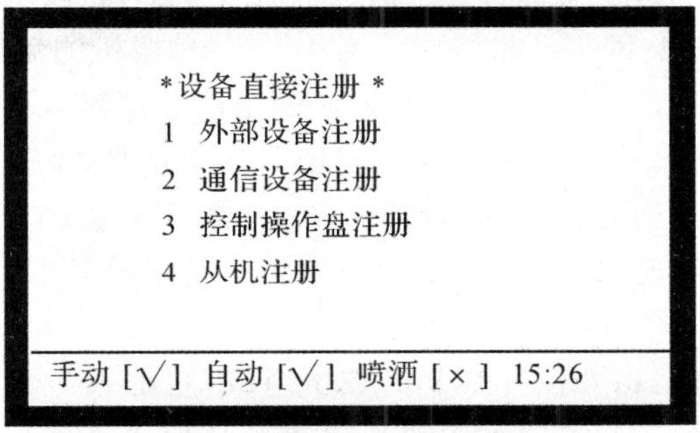

```
        * 设备直接注册 *
    1   外部设备注册
    2   通信设备注册
    3   控制操作盘注册
    4   从机注册
  ─────────────────────────────
  手动 [√]  自动 [√]  喷洒 [×]  15:26
```

图 1-17　设备直接注册界面

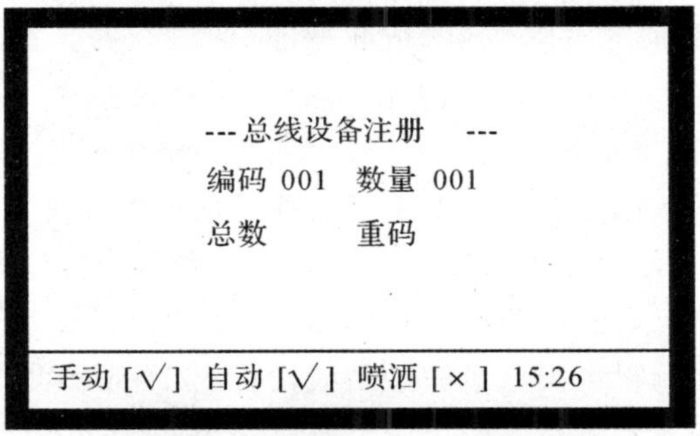

```
        --- 总线设备注册    ---
    编码 001   数量 001
    总数       重码


  手动 [√]  自动 [√]  喷洒 [×]  15:26
```

图 1-18　总线设备注册界面

码数量,事件类型为"重复码"。注册结束后显示注册到的设备总数及重码设备的个数,两个数相加,可以得出实际的设备数量。

其他设备的注册操作类似,均在注册结束后,显示注册结果。

4.设备定义

控制器外接的设备包括火灾探测器、联动模块、火灾显示盘、网络从机、光栅机、多线制控制的设备(直控输出定义)等,这些设备均需进行编码设定,每个设备对应一个原始编码和一个现场编码,设备定义就是对设备的现场编码进行设定。被定义的设备既可以是已经注册在控制器上的,也可以是未注册在控制器上的。典型的设备定义界面如图 1-19 所示。

```
┌─────────────────────────────────────┐
│                                     │
│    *外部设备定义*                      │
│                                     │
│    原码：001号      键值：01           │
│    二次码：031001－22 防火阀           │
│    设备状态：1 [脉冲启]                 │
│    注释信息：                         │
│    556047634172172400000000000       │
│    总线设备                           │
│                                     │
├─────────────────────────────────────┤
│   手动 [√]  自动 [√]  喷洒 [√] 12:23  │
└─────────────────────────────────────┘
```

图 1-19 设备定义界面

原码：为该设备所在的自身编码号，外部设备（火灾探测器、联动模块）原码号为 1～242；火灾显示盘原码号为 1～64；网络从机原码号为 1～32；光栅机测温区域原码号为 1～64，对应 1～4 号光栅机的探测区域，从 1 号光栅机的 1 通道的 1 探测区顺序递增；直控输出（多线制控制的设备）原码号为 1～60。原始编码与现场布线没有关系。

现场编码包括二次码、设备类型、设备特性和设备汉字信息。

键值：当为模块类设备时，是指与设备对应的手动盘按键号，当无手动盘与该设备相对应时，键值设为"00"。

二次码：即为用户编码，由 6 位 0 到 9 的数字组成，它是人为定义用来表达这个设备所在特定现场环境的一组数，用户通过此编码可以很容易地知道被编码设备的位置以及与位置相关的其他信息。推荐对用户编码规定如下：

第一、二位对应设备所在的楼层号，取值范围为 0～99。为方便建筑物地下部分设备的定义，规定地下一层为 99，地下二层为 98，依此类推。

第三位对应设备所在的楼区号，取值范围为 0～9。楼区是指一个相对独立的建筑物，例如，一个花园小区由多栋写字楼组成，每一栋楼可视为一个楼区。

第四、五、六位对应总线制设备所在的房间号或其他可以标识特征的编码。对火灾显示盘编码时，第四位为火灾显示盘工作方式设定位，第五、六位为特征标志位。

设备类型：用户编码输入区"一"符号后的两位数字为设备类型代码，参照"附件 2 设备类型表"中的设备类型，光栅机测温区域的类型应设置成 01 光栅测温。输入完成后，在屏幕的最后一行将显示刚刚输入数字对应的设备类型汉字描述。如果输入的设备类型超出设备类型表范围，将显示"未定义"。

设备状态：一些具有可变配置的设备，可以通过更改此设置改变配置。

在系统设置操作状态下按"4"键，屏幕将显示如图 1-20 所示的设备定义选择菜单，此菜单有两个可选项："设备连续定义"及"设备继承定义"，每个选项均分为外部设备定义、显示盘定义、1 级网络定义、光栅测温定义、2 级网络定义、多线制输出定义六种（见图 1-21）。

（1）设备连续定义

在图 1-20 的屏幕状态下按"1"，则进入设备连续定义状态。在此状态下，系统默认设备是未曾定义过的，在输入第一个设备结束后，以后设备定义会默认上一个设备的定义，提供如下方便：

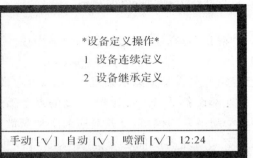

```
           *设备定义操作*
         1  设备连续定义

         2  设备继承定义


手动 [√]  自动 [√]  喷洒 [√]  12:24
```

图 1-20 设备定义操作界面

```
           *设备定义操作*
       1  外部设备定义
       2  显示盘定义
       3  1级网络定义
       4  光栅测温定义
       5  2级网络定义
       6  多线制输出定义

手动 [√]  自动 [√]  喷洒 [√]  12:24
```

图 1-21 设备定义操作菜单

原码中的设备号在小于其最大值时,会自动加一。

键值为非"00"时,会自动加一。

二次码自动加一。

设备类型不变。

特性不变。

汉字信息不变。

(2)外部设备定义

选择"外部设备定义"后,便进入外部设备定义菜单,此时输入正确的原码后按"确认"键液晶屏显示如图 1-22 所示的内容。

```
           *外部设备定义*

     原码: 032号     键值: 00
     二次码: 031032-03 点型感烟
     设备状态: 1 [阈值1]
     注释信息:
     5560476341721724000000000000
     总线设备

手动 [√]  自动 [√]  喷洒 [√]  12:25
```

图 1-22 外部设备定义

图1-22中,在设备定义的过程中,可通过按"△"、"▽"、"◁"、"▷"键及数字键进行定义操作。

当设备定义完成后,按"确认"键存储,再进行新的定义操作。

(3)设备继承定义

设备继承定义是将已经定义的设备信息从系统内调出,可对设备定义进行修改。

例如:已经定义032号外部设备是二次码为031032的点型感烟探测器;033号外部设备是二次码为031033用于启动喷淋泵的模块,且其对应的手动盘键号为16号,现进行设备继承定义操作:选择设备继承定义的外部设备定义项,输入原码为032后按确认键,液晶屏显示的是二次码为031032的点型感烟探测器的信息。

5.查看注册状态

按下"设备检查"键,屏幕显示一个选择设备检查的画面(见图1-23)。

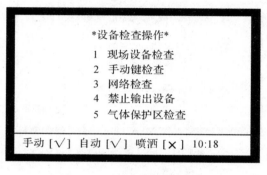

图1-23　设备检查操作界面

在图1-23所示界面下,按下"1"键,进入"现场设备检查"界面,如图1-24所示。

图1-24　现场设备检查操作界面

6.注意事项

(1)感温探测器模拟报警的时候,不要让探头接触太高的温度,以免烧坏。

(2)开机时,消防报警主机电源,主电源和备用电源需同时打开,关机时需要同时关闭。

(3)消防主机220V电源,火线、零线和保护线,不能接反。

(4)消防总线采用非屏蔽双绞线。

四、任务评价总结

(一)任务评价

按表 1-5 对学生的任务执行情况进行评分。

表 1-5 任务考核

序号	考核内容		分值	评分标准		得分
1	绘制接线图	设备之间的接线图绘制	10 分	接线图绘制错误每处扣 2 分		
2	器件安装	1.按图装接器件 2.器件安装后无松动	20 分	1.未按图装接扣 5 分 2.导线接错每处扣 2 分 3.发现器件安装后有松动每处扣 2 分		
3	功能要求	设备配置及功能完成情况	30 分	10 分	感温探测器工作不正常扣 10 分	
				10 分	感烟探测器工作不正常扣 10 分	
				10 分	燃气探测器工作不正常扣 10 分	
4	课题完成效率	快速正确地完成课题任务	10 分	最先完成组得 10 分,其余酌情扣分		
5	技能掌握情况	1.由教师提问相关 2.现场观察实训认真程度	20 分	能正确回答教师提问的,得分,否则酌情减分	成员 | 得分	
6	安全意识	1.现场操作安全保护应符合安全操作规程 2.工具摆放、导线线头处理等规范,保持工位的整洁 3.遵守实训室规章,尊重教师,爱惜实训室设备和器材,节约耗材	10 分	1.工具摆放、导线线头处理等不符合规范扣 5 分 2.不遵守实训室规章,设备和器材损坏,耗材出现浪费每处扣 5 分		

(二)总结交流

学生分组进行对火灾探测器理解的汇报答辩,教师和学生根据附件 3～6 进行评价考核。

(三)思考练习

1.火灾发生分几个过程,各有什么特点?

2.根据国家标准《火灾分类》(GB 4968)的规定,火灾分为几类?

3.火灾探测器有哪些？分别在什么场合下使用？

4.实训任务中,感温探测器安装终端器的目的是什么？

五、知识链接

火灾自动报警及消防联动系统是以火灾为监控对象,根据防灾要求和特点而设立的,是一种为及时发现和通报火情,并采取有效措施控制和扑灭火灾,而设置在建筑物中的消防监控设施。随着检测技术、微电子技术、计算机控制技术的迅速发展,火灾探测与自动报警系统、消防联动控制系统、消防通信调度指挥系统、消防中心网络集成系统等都得到了长足的进步,形成了成熟的、现代化的火灾预警和消防联动体系,广泛应用到各类智能建筑、公共场所等,从而有效保障了人们生命财产安全。

(一)火灾特征及分类

1.火灾特征

(1)热(温度)

凡是物质燃烧,必有热量释放,使得环境温度升高,这是物质燃烧的基本特征之一。因此,物质燃烧过程所产生的温度变化是重要的火灾特征参数之一。但是,普通可燃物质在燃烧速度非常缓慢的情况下,物质燃烧所产生的热(温度)不易被鉴别出来。

(2)燃烧气体

普通可燃物质在燃烧开始时,往往首先释放出燃烧气体。燃烧气体一般由单分子的 CO、CO_2、碳氢化合物等气体,悬浮在空气中的未燃烧物质微粒,不可见悬浮物组成,粒径一般在 $0.01\mu m$ 左右,通常称作气溶胶。

(3)烟雾

烟雾一般是指人眼可见的燃烧生成物,通常粒径为 $0.01\sim10\mu m$ 的液体或固体微粒。普通可燃物质在燃烧过程所产生的燃烧气体和烟雾具有流动性和毒害性,能潜入建筑物的任何空间。根据统计数据,火灾中约有 70% 的人员死亡是燃烧气体或烟雾的毒害或窒息作用造成的,所以,物质燃烧过程所产生的燃烧气体和烟雾是重要的火灾探测参数。

(4)火焰

火焰是物质燃烧产生的灼热发光的气体部分。物质燃烧到发光阶段,一般是物质的全燃阶段。这时,物质燃烧反应的放热提高了燃烧产物的温度,并引起产物分子内部电子能级跃迁,因而放出各种波长的光。火焰的光辐射除了可见光部分外,还有大量的红外辐射和紫外辐射。所以,火焰光作为燃烧的鉴别特征之一,也是重要的火灾探测参数。

2.火灾过程的一般规律

火灾发生发展过程一般经历 4 个阶段,即初起阶段、成长阶段、旺盛阶段和衰减阶段。火灾发展过程如图 1-25 所示。

(1)初起阶段(OA 段)

初起阶段由于物质燃烧开始的预热和气化作用,主要产生燃烧气体和不可见的气溶胶粒子,没有可见的烟雾和火焰,热量也相当少,环境温升不易鉴别出来。而这些燃烧气体和气溶胶粒子,通过布朗运动扩散、燃烧产物的浮力及背景的空气运动,引起微弱的对流。在此阶段,火情仅局限于火源所在部位的一个很小的有限范围内,探测火情早报警,应从此阶

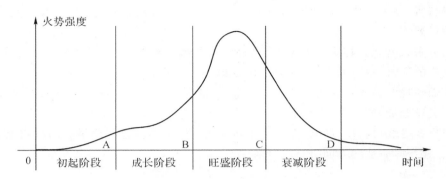

图 1-25　火灾发展过程

段就开始进行,探测对象是燃烧气体和气溶胶粒子。

(2)成长阶段(AB)

成长阶段以引燃为起始标志,此时热解作用充分发展,产生大量的肉眼可见和不可见的烟雾,烟雾粒子通过对流运动和背景的空气运动向四周扩散,充满建筑物的内部空间,但此阶段仍没有产生火焰,热量也较少,环境温度并不高,火情尚未达到蔓延发展的程度。此阶段仍是探测火情实现早报警的重要阶段,探测对象是烟雾粒子。

(3)旺盛阶段(BC 段)

旺盛阶段是物质燃烧的快速反应阶段,从着火(火焰初起)开始到燃烧充分发展成全燃阶段,由于物质内能的快速释放和转化,以火焰热辐射的形式呈球形波向外传播热量,再加上强烈的对流运动,环境温度迅速上升。同时火情得以逐步蔓延扩散,且蔓延的速度愈来愈快,范围愈来愈大。探测对象为热与光。

(4)衰减阶段(CD 段)

衰减阶段是火灾发展的末端,这一阶段的火灾特点是室内可燃物质减少,室内温度开始下降。这是物质经全面着火燃烧后逐步衰弱至熄灭的阶段。

在大多数情况下,火灾发生和发展过程中前两个阶段的时间比较长,在该时间内,虽然产生了大量的燃烧气体和烟雾,但由于尚未着火,环境温度并不高,所以火情没有蔓延扩散,如果能及时探测到火情,实现早报警,就可把火灾损失控制在最低程度,并保证人身不遭受伤亡。

3.火灾分类

根据国家标准《火灾分类》(GB 4968)的规定,将火灾分为 A、B、C、D 4 类。

A 类火灾:固体物质火灾,即普通固体燃烧引起的火灾。

B 类火灾:液体火灾和可熔化固体物质火灾,即可燃液体及可熔化固体可燃物燃烧引起的火灾。

C 类火灾:气体火灾,即可燃气体燃烧引起的火灾。

D 类火灾:金属火灾,即可燃金属燃烧引起的火灾。

此外,还有带电设备发生的火灾,如变压器等设备的电气火灾。下面分别说明。

(1)A 类火灾

固体物质是火灾中最常见的燃烧对象:木材及木制品、棉、麻、毛及其制品、纸及纸制品、粮及谷、豆类、化工合成制品(合成橡胶、合成塑料、合成纤维等)、化工原料、电工产品、建筑

及装饰材料等,这类物质往往具有有机物性质,种类繁多,极为复杂。固体物质燃烧过程有以下几种模式:

①热分解式燃烧。物质在火灾中被加热,发生热分解,释放出可燃的挥发成分,挥发成分与空气中的氧气燃烧,如木材、高分子化合物等。

②表面燃烧。物质在燃烧时,空气中的氧扩散到物体的表面或内部空隙中,与物质表面的碳直接进行燃烧,如木炭、焦炭等。

③升华式燃烧。物质(如萘)在火灾中直接被加热成蒸汽进行燃烧。固体物质火灾危险差别很大,评定时应从多方面进行综合考虑。

(2)B类火灾

可燃液体有酒精、苯、乙醚、丙酮等各种有机溶剂。油脂有原油、汽油、煤油、柴油、重油、动植物油等。可熔化固体有蜡、石蜡等。可燃液体燃烧是液体蒸汽与空气进行的燃烧。液体在火灾中受热变蒸汽,蒸汽与空气燃烧。轻质可燃液体的蒸发属相变过程;重质可燃液体的蒸发还有热分解过程;可熔化固体在火灾中被加热熔化为液体,继续加热变成蒸汽,属于熔融蒸发式燃烧。原油罐火灾的喷溅和蒸汽云爆炸,是B类火灾中的特殊燃烧现象。

(3)C类火灾

可燃气体燃烧有预混燃烧和扩散燃烧两种。可燃气体与空气预先混合好后的燃烧称为预混燃烧;可燃气体与空气边混合边燃烧称为扩散燃烧。

失去控制的预混燃烧会产生爆炸,发生爆炸的可燃气体最低浓度称爆炸下限;最高浓度称爆炸上限,爆炸上限和爆炸下限还和温度条件有关。可燃气体的火灾危险性用爆炸下限(用体积百分比表示)来进行评定:

甲类火险物质,爆炸下限小于10%,如氧气、乙炔、甲烷等;

乙类火险物质,爆炸下限大于等于10%,如一氧化碳、城市煤气、氨气等。

(4)D类火灾

有些金属物质,当其为薄片状、颗粒状或熔融状态时很容易着火,这类金属称为可燃金属。金属火灾也可属于固体火灾,单列为D类火灾。由于金属在燃烧时,燃烧热量大(为普通燃料5~20倍)、火焰温度高(≥3000℃),同时高温下的金属性质活泼,需用特殊的灭火剂灭火。常见的金属火灾有锂、钠、钾、钙、镁等。金属结构,如轻钢结构、钢、铝合金框架在火灾中不会燃烧,但是在高温下会降低强度。钢材在500℃时,抗拉强度降低一半。铝合金在高温下完全丧失抗拉强度,因此应采取相应技术措施保护钢和铝合金制作的金属构件。

4.智能建筑火灾特点

智能建筑火灾由其自身特点决定,概括起来有以下几个方面。

(1)建筑结构跨度大、特性复杂

智能建筑由于采用大跨度框架结构和灵活的环境布置,使建筑物开间和隔墙布置复杂,随着建筑高度增加,在起火前室内外温差所形成的热风压大,起火后由于温度变化而引起烟气运动的火风压大;同时,高层智能建筑室外风速、风压随着建筑物的高度而增大,因而火灾时烟气蔓延、扩散迅速。

(2)建筑环境要求高、内部装修材料多

为了加强智能建筑室内空间的艺术效果和实现智能建筑的环境舒适性的要求,满足在其中工作、生活的人们的生理和心理的多种需要,智能建筑中大量采用易燃或可燃材料,且有不少是有机高分子材料,遇火后这些易燃、可燃材料或有机高分子材料将分解出大量的 CO、CO_2 及少量的 H_2S、SO_2 等有害的烟气和毒气,直接危及人的生命安全。

（3）电气设备多、监控要求高

在智能建筑中大量使用各种电气设备,如照明灯具、家用电器、通信设备、电梯、电炉、空调设备、电机、广播电视、电子计算机等电气设备,电气设备配电线路和信息数据通信布线系统密密麻麻,若一处出现电火花或线路绝缘层老化碰线短路而发生电气火灾,火灾会沿着线路迅速蔓延。

（4）人员多且集中

智能建筑内通常容纳有成百上千甚至数以万计的人员,一旦发生火灾,人的慌乱心理加上建筑通道复杂及楼层多等,使人员疏散难度大,难以安全疏散逃离。

（5）建筑功能复杂多样

智能建筑多数是多用途的综合性大楼,往往设有办公室、写字间、会议厅、商业贸易厅、饭店、宾馆、公寓、住宅、餐厅、娱乐场所、室内运动场等,以及建筑自身必要的厨房、锅炉房、变配电室、汽车库、各种库房等,从而造成安全疏散通道复杂。此外,高层智能建筑上下内外联系的主要交通工具是电梯,一旦发生火灾,则疏散困难。

（6）管道竖井多

智能建筑内部必然设置电梯及楼梯井、上下水管道井、电线电缆井、垃圾井等。这些竖井若未加垂直和水平方向隔断设施,一旦烟火窜入,则会产生"烟囱"效应,使火灾迅速蔓延扩散到上层楼房。根据智能建筑火灾上述特点,使其火灾危险性具有火势蔓延快、烟气扩散快、人员疏散困难、火灾扑救难度大、火险隐患多、火灾损失重等特征。

（二）火灾探测器的分类

火灾探测报警系统由火灾探测器和火灾报警控制器组成。火灾探测器是系统的"感觉器官",它的作用是监视环境中有没有火灾的发生。一旦有了火情,就将火灾的特征物理量,如温度、烟雾、气体和辐射光强等转换成电信号,并立即动作向火灾报警控制器发送报警信号。

1. 按结构造型分类

火灾探测器按结构造型分类可分成点型和线型两大类。

点型探测器（见图 1-26 和图 1-27）是一种响应某一点周围的火灾参数的火灾探测器,大多数火灾探测器属于点型火灾探测器。

图 1-26　点型光电感烟火灾探测器　　　图 1-27　点型差定温火灾探测器

线型火灾探测器(见图 1-28 和图 1-29)是一种响应某一连续线路周围的火灾参数的火灾探测器,其连续线路可以是"硬"的,也可以是"软"的。如线型定温火灾探测器,是由主导体、热敏绝缘包覆层和合金导体一起构成的"硬"连续线路。又如红外光束线型感烟火灾探测器,是由发射器和接收器两者中间的红外光束构成"软"的连续线路。

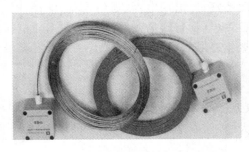

图 1-28 线型探测器"硬"连续线路

图 1-29 线型探测器"软"连续线路

2. 按探测火灾参数分类

火灾探测器按照探测火灾参数的不同可分为感温、感烟、感光、可燃气体和复合式等几大类。

(1)感烟火灾探测器

感烟火灾探测器是一种响应燃烧或热解产生的固体或液体微粒的火灾探测器,是使用量最大的一种火灾探测器。因为它能探测物质燃烧初期所产生的气溶胶或烟雾粒子浓度,因此,有的国家称感烟火灾探测器为"早期发现"探测器。

常见的感烟火灾探测器有离子、光电和吸气式感烟火灾探测器等。

离子感烟火灾探测器由内外两个电离室为主构成。外电离室(即检测室)有孔与外界相通,烟雾可以从该孔进入传感器内;内电离室(即补偿室)是密封的,烟雾不会进入。火灾发生时,烟雾粒子窜进外电离室,干扰了带电粒子的正常运行,使电流、电压有所改变,破坏了内外电离室之间的平衡,探测器就会产生感应而发出报警信号。

光电感烟火灾探测器内部有一个发光元件和一个光敏元件,平常由发光元件发出的光,通过透镜射到光敏元件上,电路维持正常,如有烟雾从中阻隔,到达光敏元件上的光就会显著减弱,于是光敏元件就把光强的变化转换成电流的变化,通过放大电路发出报警信号。

吸气式感烟火灾探测器(见图 1-30)一改传统感烟探测器等待烟雾飘散到探测器被动进行探测的方式,而是采用新的理念,即主动对空气进行采样探测,当保护区内的空气样品被吸气式感烟探测器内部的吸气泵吸入采样管道,送到探测器进行分析,如果发现烟雾颗粒,即发出报警。

(2)感温火灾探测器

感温火灾探测器是仅次于感烟火灾探测器的一种使用广泛的火灾早期报警的探测器,是一种响应异常温度、温升速率和温差的火灾探测器。常用的火灾探测器是定温、差温和差定温火灾探测器。

定温火灾探测器是在规定时间内火灾引起的温度上升超过某个定值时启动报警的火灾探测器。点型定温式探测器利用双金属片、易熔金属、热电偶热敏半导体电阻等元件,在规

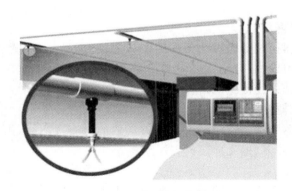

图 1-30 吸气式感烟探测器

定的温度值上产生火灾报警信号。差温火灾探测器是在规定时间内,火灾引起的温度上升速率超过某个规定值时启动报警的火灾探测器。点型差温式探测器是根据局部的热效应而动作的,主要感温器件是空气膜盒、热敏半导体电阻元件等。差定温式探测器结合了定温和差温两种作用原理并将两种探测器结构组合在一起,一般多是膜盒式或热敏半导体电阻式等点型组合式探测器。

与感烟火灾探测器和感光火灾探测器相比,感温火灾探测器的可靠性较高,对环境条件的要求更低,但对初期火灾的响应要迟钝些,报警后的火灾损失要大些。它主要适用于因环境条件而使感烟火灾探测器不宜使用的某些场所;并常与感烟火灾探测器联合使用(组成与门关系),对火灾报警控制器提供复合报警信号。

(3)感光火灾探测器

感光火灾探测器又称为火焰探测器,它是一种能对物质燃烧火焰的光谱特性、光照强度和火焰的闪烁频率敏感响应的火灾探测器。常用的感光探测器是红外火焰型和紫外火焰型两种。

感光火灾探测器的主要优点是响应速度快,其敏感元件在接收到火焰辐射光后的几毫秒,甚至几个微秒内就发出信号,特别适用于突然起火无烟的易燃易爆场所。它不受环境气流的影响,是唯一能在户外使用的火灾探测器。另外,它还有性能稳定、可靠、探测方位准确等优点,因而得到普遍重视。

(4)可燃气体火灾探测器

可燃气体火灾探测器是一种能对空气中可燃气体含量进行检测并发出报警信号的火灾探测器。它通过测量空气中可燃气体爆炸下限以内的含量,以便当空气中可燃气体含量达到或超过报警设定值时,自动发出报警信号,提醒人们及早采取安全措施,避免事故发生。可燃气体探测器除具有预报火灾、防火防爆功能外,还可以起监测环境污染的作用。

常用的可燃气体探测器是催化型可燃气体探测器和半导体型可燃气体探测器两种类型。半导体型可燃气体探测器是利用半导体表面电阻变化来测定可燃气体浓度。当可燃气体进入探测器时,半导体的电阻下降,下降值与可燃气体浓度具有对应关系。催化型可燃气体探测器是利用难熔金属铂丝加热后的电阻变化来测定可燃气体浓度。当可燃气体进入探测器时,铂丝表面引起氧化反应(无焰燃烧),其产生的热量使铂丝的温度升高,而铂丝的电阻率便发生变化。

（5）图像型火灾报警器

图像型火灾报警器通过摄像机拍摄的图像与主机内部的燃烧模型的比较来探测火灾，主要由摄像机和主机组成，可分为双波段和普通摄像型两种。双波段火灾图像报警系统是将普通彩色摄像机与红外线摄像机结合在一起。

（6）复合式火灾探测器

复合式火灾探测器是指响应两种以上火灾参数的火灾探测器，主要有感温感烟火灾探测器、感光感烟火灾探测器、感光感温火灾探测器等。

（7）其他

其他还有探测泄漏电流大小的漏电流感应型火灾探测器；探测静电电位高低的静电感应型火灾探测器；在一些特殊场合使用的，要求探测极其灵敏、动作极为迅速，以致要求探测爆炸声产生的某些参数的变化（如压力的变化）信号，来抑制消灭爆炸事故发生的微差压型火灾探测器；利用超声原理探测火灾的超声波火灾探测器；等等。

（三）火灾探测器选择的一般规定

（1）对火灾初期有阴燃阶段，可产生大量的烟和少量的热，很少或没有火焰辐射的场所或部位，应选择感烟探测器。

（2）对火灾发展迅速，可产生大量热、烟和火焰辐射的场所或部位，应选择感温探测器、感烟探测器、火焰探测器或它们的组合。

（3）对火灾发展迅速、有强烈的火焰辐射及少量的烟和热的场所或部位，应选择火焰探测器。

（4）对火灾形成特征不可预料的部位或场所，可根据模拟试验的结果选择探测器。

（5）对使用、生产或聚集可燃气体或可燃液体蒸气的场所或部位，应选择可燃气体探测器。

（四）点型火灾探测器的选择

（1）对不同高度的房间，可按表1-6进行选择。

表1-6　点型火灾探测器选择

房间高度 h（m）	感烟探测器	感温探测器			火焰探测器
		一级（62℃）	二级（70℃）	三级（78℃）	
12＜h≤20	不适合	不适合	不适合	不适合	适合
8＜h≤12	适合	不适合	不适合	不适合	适合
6＜h≤8	适合	适合	不适合	不适合	适合
4＜h≤6	适合	适合	适合	不适合	适合
h≤4	适合	适合	适合	适合	适合

（2）下列场所宜选择点型感烟探测器。

①饭店、旅馆、教学楼、办公室的厅堂、卧室、办公室等；

②电子计算机房、通信机房、电影或电视放映室等；

③楼梯、走道、电梯机房等；

④书库、档案库等；

⑤有电气火灾危险的场所。

(3)符合下列条件之一的场所不宜选择离子感烟探测器。

①相对湿度经常大于95%；

②气流速度大于5m/s；

③有大量粉尘、烟雾滞留；

④可能产生腐蚀性气体；

⑤在正常情况下有烟滞留；

⑥产生醇类、醚类、酮类等有机物质。

(4)符合下列条件之一的场所不宜选择光电感烟探测器。

①可能产生黑烟；

②有大量粉尘、水雾滞留；

③可能产生蒸气和油雾；

④在正常情况下有烟滞留。

(5)符合下列条件之一的场所宜选择感温探测器。

①相对湿度经常大于95%；

②无烟火灾；

③有大量粉尘；

④在正常情况下有烟和蒸气滞留；

⑤厨房、锅炉房、发电机房、烘干车间等；

⑥吸烟室等；

⑦其他不宜安装感烟探测器的厅堂和公共场所。

(6)不宜选择感温探测器的场所。

①可能产生阴燃或发生火灾不及早报警将造成重大损失的场所；

②温度在0℃以下的场所；

③温度变化较大的场所。

(7)符合下列条件之一的场所宜选择火焰探测器。

①火灾时有强烈的火焰辐射；

②无阴燃阶段的火灾(如液体燃烧火灾等)；

③需要对火焰作出快速反应。

(8)符合下列条件之一的场所不宜选择火焰探测器。

①可能发生无焰火灾；

②在火焰出现前有浓烟扩散；

③探测器的镜头易被污染；

④探测器的镜头"视线"易被遮挡；

⑤探测器易被阳光或其他光源直接或间接照射；

⑥在正常情况下有明火作业以及X射线、光等影响。

（9）在下列场所宜选择可燃气体探测器。

①使用管道煤气或天然气的场所；

②煤气站和煤气表房以及存贮液化石油气罐的场所；

③其他散发可燃气体和可燃蒸气的场所；

④有可能产生一氧化碳气体的场所，宜选择一氧化碳气体探测器。

（10）探测器的组合：装有联动装置、自动灭火系统以及用单一探测器不能有效确认火灾的场合，宜采用感烟探测器、感温探测器、火焰探测器（同类型或不同类型）的组合。

（五）线型火灾探测器的选择

（1）无遮挡大空间或特殊要求的场所宜选择红外光束感烟探测器。

（2）下列场所或部位宜选择缆式线型定温探测器。

①电缆隧道、电缆竖井、电缆夹层、电缆桥架等；

②配电装置、开关设备、变压器等；

③各种皮带输送装置；

④控制室、计算机室的闷顶内、地板下及重要设施隐蔽处等；

⑤其他环境恶劣不适合点型探测器安装的危险场所。

（3）下列场所宜选择空气管式线型差温探测器。

①可能产生油类火灾且环境恶劣的场所；

②不易安装点型探测器的夹层、闷顶。

（六）点型火灾探测器的设置数量和布置

（1）探测区域内的每个房间至少应设置一只火灾探测器。

（2）感烟探测器、感温探测器的保护面积和保护半径，应按表 1-7 确定。

表 1-7　探测器保护面积和保护半径对照

火焰探测器的种类	地面面积 $S(m^2)$	房间高度 h（m）	一只探测器的保护面积 A 和保护半径 R					
			房间坡度 θ					
			$\theta \leqslant 15°$		$15° < \theta \leqslant 30°$		$\theta > 30°$	
			A（m^2）	R（m）	A（m^2）	R（m）	A（m^2）	R（m）
感烟探测器	$S \leqslant 80$	$h \leqslant 12$	80	6.7	80	7.2	80	8.0
	$S > 80$	$6 < h \leqslant 12$	80	6.7	100	8.0	120	9.9
		$h \leqslant 6$	60	5.8	80	7.2	100	9.0
感温探测器	$S \leqslant 30$	$h \leqslant 8$	30	4.4	30	4.9	30	5.5
	$S > 30$	$h \leqslant 8$	20	3.6	30	4.9	40	6.3

（3）感烟探测器、感温探测器的安装间距，应根据探测器的保护面积 A 和保护半径 R 确定，并不应超过探测器安装间距的极限曲线所规定的范围。

（4）一个探测区域内所需设置的探测器数量，不应小于式（1-1）的计算值：

$$N = S/(K \cdot A)$$

（1-1）

式中：N 为探测器数量（只），N 应取整数；S 为该探测区域面积（m²）；A 为探测器的保护面积（m²）；K 为修正系数，特级保护对象宜取 0.7～0.8，一级保护对象宜取 0.8～0.9，二级保护对象宜取 0.9～1.0。

（5）探测器布置的极限间距如图 1-31 所示。

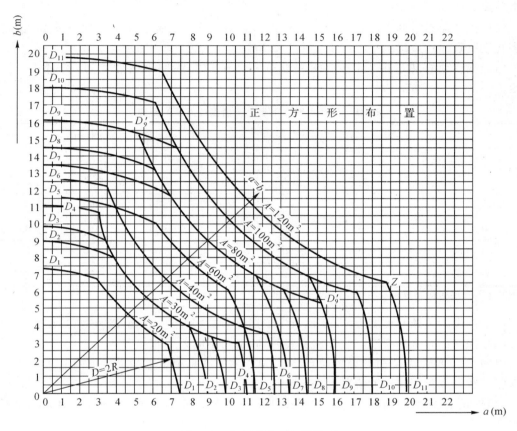

图 1-31　探测器布置极限间距

（6）在有梁的顶棚上设置感烟探测器、感温探测器时，应符合下列规定：

①当梁突出顶棚的高度小于 200mm 时，可不计梁对探测器保护面积的影响。

②当梁突出顶棚的高度为 200～600mm 时，应按有关规范确定梁对探测器保护面积的影响和一只探测器能够保护的梁间区域的个数。

③当梁突出顶棚的高度超过 600mm 时，被梁隔断的每个梁间区域至少应设置一只探测器。

④当被梁隔断的区域面积超过一只探测器的保护面积时，被隔断的区域应按有关规定计算探测器的设置数量。

⑤当梁间净距小于 1m 时，可不计梁对探测器保护面积的影响。

（7）在宽度小于 3m 的内走道顶棚上设置探测器时，宜居中布置。感温探测器的安装间距不应超过 10m；感烟探测器的安装间距不应超过 15m；探测器至端墙的距离，不应大于探测器安装间距的一半。

(8)探测器至墙壁、梁边的水平距离,不应小于 0.5m。

(9)探测器周围 0.5m 内,不应有遮挡物。

(10)房间被书架、设备等隔断或分隔,其顶部至顶棚或梁的距离小于房间净高的 5%时,每个被隔开的部分至少应安装一只探测器。

(11)探测器至空调送风口边的水平距离不应小于 1.5m,并宜接近回风口安装,探测器至多孔送风顶棚孔口的水平距离不应小于 0.5m。

(12)当屋顶有热屏障时,感烟探测器下表面至顶棚或屋顶的距离,应符合表 1-8 的规定。

表 1-8　感烟探测器下表面至顶棚或屋顶的距离

探测器的安装高度 h(m)	感烟探测器下表面至顶棚或屋顶的距离 d(mm)					
	$\theta \leqslant 15°$		$15° < \theta \leqslant 0°$		$\theta > 30°$	
	最小	最大	最小	最大	最小	最大
$h \leqslant 6$	30	200	200	300	300	500
$6 < h \leqslant 8$	70	250	250	400	400	600
$8 < h \leqslant 10$	100	300	300	500	500	700
$10 < h \leqslant 12$	150	350	350	600	600	800

注:θ 为顶棚或屋顶坡度。

(13)锯齿型屋顶和坡度大于 15°的人字形屋顶,应在每个屋脊处设置一排探测器。

(14)探测器宜水平安装。当倾斜安装时,倾斜角不应大于 45°。

(15)在电梯井、升降机井设置探测器时,其位置宜在井道上方的机房顶棚上。

(七)线型火灾探测器的位置

(1)外光束感烟探测器的光束轴线距顶棚的垂直距离宜为 0.3～1.0m,距地面高度不宜超过 20m。

(2)相邻两组红外光束感烟探测器的水平距离不应大于 14m。探测器距侧墙水平距离不应大于 7m,且不应小于 0.5m。探测器的发射器和接收器之间的距离不宜超过 100m。

(3)缆式线型定温探测器在电缆桥架或支架上设置时,宜采用接触式布置;在各种皮带输送装置上设置时,宜设置在装置的过热点附近。

(4)置在顶棚下方的空气管式线型差温探测器,距顶棚的距离宜为 0.1m。相邻管路之间的水平距离不宜大于 5m;管路至墙壁的距离宜为 1～1.5m。

(八)火灾探测器的布点设计

1.设计步骤

(1)确定数量。

(2)确定间距。

(3)检验保护半径是否符合要求。

2.实例

某礼堂的面积(40m×30m),屋顶坡度 15°,房间高度 10m,二级保护对象宜取 0.9～

1.0。布置感烟探测器。求如何布置（数量以及布置方式）。

（1）确定数量（取 $K=1$）

$$N=S/(K \cdot A)=1200/80=15$$

（2）确定间距

$a=10,b=8,a,b$ 的值不能太大，否则比较浪费。

3.检验：$R=6.4<6.7$，探测器布置合理。探测器布置效果如图 1-32 所示。

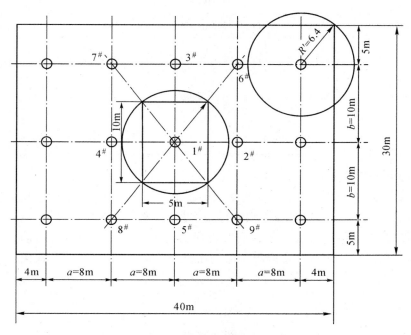

图 1-32　探测器布置效果

项目二　火灾探测报警系统设计与施工

一、任务目标

1.掌握火灾探测报警系统的工作原理

2.掌握火灾探测报警系统的安装与调试

3.掌握火灾探测报警系统的设备编码、注册及定义

4.掌握联动公式的编辑与调试

二、任务准备

模拟房间实训平台、导线若干、万用表、各种型号的螺丝刀、剥线钳、捆扎带、热缩管、电烙铁以及如表 1-9 所示的设备。

表 1-9　设备材料

序号	设备	数量
1	火灾报警控制器	1
2	感烟探测器	1
3	感温探测器	2
4	燃气探测器	1
5	GST-LD-8319 型编码输入模块	1
6	GST-LD-8313 隔离器	1
7	HX-100B/T 火灾声光警报器	1
8	手动报警按钮	1
9	火灾显示盘	1
10	编码器	1

（一）火灾声光警报器

HX-100B/T 火灾声光警报器（以下简称警报器），用于在火灾发生时提醒现场人员注意。警报器是一种安装在现场的声光报警设备，当现场发生火灾并被确认后，可由消防控制中心的火灾报警控制器启动，也可通过安装在现场的手动报警按钮直接启动。启动后警报器发出强烈的声光警号，以达到提醒现场人员注意的目的。HX-100B/T 火灾声光警报器如图 1-33 所示。

图 1-33　HX-100B/T 火灾声光警报器

HX-100B/T 火灾声光警报器的特点如下：

（1）声音为火警声，声压高达 85dB，利于引起现场人员注意。

（2）提供外控端子，可利用无源常开触点（如手动报警按钮）直接启动，直接启动时不受信号总线掉电的影响。

（3）编码方式：采用电子编码方式，占一个总线编码点，编码范围可在 1～242 之间任意设定。

（4）线制：四线制，与控制器采用无极性信号二总线连接，与电源线采用无极性二线制连接。

底壳如图 1-34 所示，按钮端子说明如下：D_1、D_2：接 DC 24V 电源，无极性。Z_1、Z_2：接控制器信号总线，无极性。S_1、G：外控无源输入。

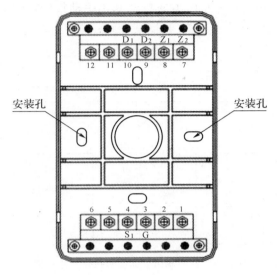

图 1-34　底壳

（二）手动报警按钮

在火灾报警控制系统中，手动报警按钮可在应急情况下，人工启动火警信号或确认火警的功能。当人工确认火灾发生后按下报警按钮上的有机玻璃片，可向控制器发出火灾报警信号。本器件为可编码设备，可用编码器对其直接编码。有机玻璃按下后，可用专用工具进行复位。手动报警按钮应设置在明显和便于操作的部位。安装在墙上距地（楼）面高度 1.5m 外且有明显的标志（工程安装位置：一般工程安装于楼道）。J-SAP-8401 手动报警按钮如图 1-35 所示，按钮端子说明如下：

图 1-35　J-SAP-8401 手动报警按钮

Z_1、Z_2：无极性信号二总线接线端子。

K_1、K_2：无源常开输出端子，当报警按钮按下时，输出触点闭合信号，可直接控制外部设备。

指示灯：红色，正常巡检时约 3s 闪亮一次，报警后点亮。

警报器信号总线、电源总线的接线方式以及利用手动报警按钮的无源常开触点直接控制方法如图 1-36 所示。

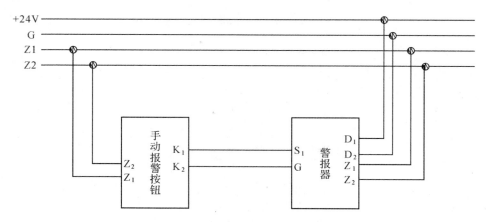

图 1-36　警报器用手动报警按钮直接控制

(三)火灾显示盘

ZF-500 火灾显示盘是通过 RS-485 总线与控制器相连通讯的，是一种可用于楼层或独立防火区内的火灾报警装置。当控制中心的主机控制器产生报警，同时把报警信号传输到失火区域的火灾显示盘上，显示盘会显示报警的探测器编号及相关信息并发出报警声响。ZF-500 火灾显示盘如图 1-37 所示（工程安装位置：安装于楼梯转角处）。

ZF-500 火灾显示盘接线端：

D_1、D_2 端：无极性 DC 24V 输入。

A、B 端：485 通信总线。

图 1-37　ZF-500 火灾显示盘

火灾显示盘的工作方式是通过在控制器上定义其对应二次码实现的。二次码前两位为本机所属层号，取值为 0～99；第三位为楼号，取值为 0～9；第四位为工作方式控制位，取值为 0～9。工作方式控制位含义如下：

0——所有火警信息均显示。

1——只显示本楼所有火警信息。

2——只显示本楼本层及上、下层所有火警信息。

3——只显示本楼本层所有火警信息。

4——本楼层的信息全显，不考虑楼号。（显示信息：××层全显）

5～9——无意义，保留字，禁用。

(四)火灾隔离器

在总线制火灾自动报警系统中，每个区域配置一个隔离器，把各区域的故障隔离，以防止某一区域总线故障影响到其他区域的正常工作。当总线发生故障时，将发生故障的总线部分与各系统隔离开来，以保证系统的其他部分能够正常工作，同时便于确定发生故障的总线部位。当故障部分的总线修复后，隔离器可自动恢复工作，将被隔离出去的部分重新纳入系统。工程上，一般安装于总线的分支处。GST-LD-8313 型隔离器如图 1-38 所示，接线端子说明如下：

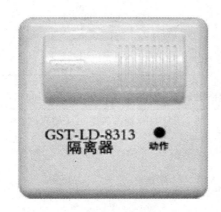

图 1-38　GST-LD-8313 型隔离器

Z_1、Z_2：无极性信号二总线输入端子。

ZO_1、ZO_2：无极性信号二总线输出端子。

三、任务实施

(一)任务预习阶段

(1)学习火灾探测报警系统的工作原理。

(2)收集手动报警按钮、声光警报器以及火灾显示盘的说明书，并详细分析工作原理和性能参数。

(3)学习"知识链接"相关内容。

(4)完成表 1-10 和表 1-11 所示内容。

表 1-10　一般了解——火灾探测报警系统一般知识填写(40分)

预习内容		将合理的答案填入相应栏目	分值	得分
火灾探测报警系统	火灾探测报警系统的组成		10分	
	设备的输入输出属性		10分	
火灾探测器	隔离器的作用		5分	
	手动报警按钮的作用		5分	
	声光警报器的作用		5分	
	火灾显示盘的作用		5分	

表 1-11　核心理解——火灾探测报警系统核心知识填写(60分)

预习内容		将合理的答案填入相应栏目	分值	得分
设备接线	声光警报器的接线端子		10分	
	手动报警按钮的接线端子		10分	
消防主机操作	继承定义		5分	
	直接定义		5分	
	二次码解释		15分	
	联动公式格式及符号作用		15分	

(二)任务执行阶段

1.绘制原理图

学生分组绘制如图 1-39 所示的火灾探测报警系统的接线图,要求用 AUTOCAD 绘制,绘图要求规范。各接线端子的工作原理,自行查阅资料了解。

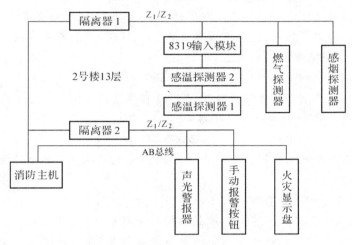

图 1-39　探测报警系统

2.安装接线

设备安装要求:设备位置合理、安装方法正确、安装牢固;感温探测器等吸顶设备要安装在实训模拟房间的顶部。

接线要求:消防总线采用白色护套双绞线(Z_1/Z_2 总线)、24V 及 12V 电源采用红色和黑色导线,其中红色为正,要求能明显区分回路。接线要求平直整洁、接头无分叉,走线尽量短、垂直,每个设备的走线,都必须是从最近距离的线槽走,并从网孔板的内侧走线。

3.编码、注册及定义

根据表 1-12 相关参数对设备进行编码、注册及定义。

表 1-12　设备编码、注册及定义参数

设备	编码值	设备类型	手动盘键值	二次码	状态
感温探测器	11	02	/	本层楼第 11 个设备	A1R
感烟探测器	12	03	/	本层楼第 12 个设备	/
燃气探测器	13	69	/	本层楼第 13 个设备	/
声光警报器	21	13	01	本层楼第 21 个设备	电平启
手动按钮	22	11	/	本层楼第 22 个设备	/
火灾显示盘	04	40	/	本层楼火灾信息	/

4.编写联动公式

(1)当感温探测器检测到报警信号后,延时 5s,启动声光警报器。

（2）当感烟探测器或者燃气探测器检测到报警信号后，延时 30s，启动声光警报器。

（3）当手动报警按钮按下后，立即启动声光警报器。

联动公式的格式

联动公式是用来定义系统中报警信息与被控设备间联动关系的逻辑表达式。当系统中的探测设备报警或被控设备的状态发生变化时，控制器可按照这些逻辑表达式自动对被控设备执行"立即启动"、"延时启动"或"立即停动"操作。本系统联动公式由等号分成前后两部分，前面为条件，由用户编码、设备类型及关系运算符组成；后面为被联动的设备，由用户编码、设备类型及延时启动时间组成。

例 1：01001103＋02001103＝01001213 00 01001319 10

表示：当 010011 号光电感烟探测器或 020011 号光电感烟探测器报警时，010012 号讯响器立即启动，010013 号排烟机延时 10 秒启动。

例 2：01001103＋02001103＝×01205521 00

表示：当 010011 号光电感烟探测器或 020011 号光电感烟探测器报警时，012055 号新风机立即停动。

注意：联动公式中的等号有四种表达方式，分别为"＝"、"＝＝"、"＝×"、"＝＝×"；联动条件满足下，表达式为"＝"、"＝×"时，被联动的设备只有在"全部自动"的状态下才可进行联动操作；表达式为"＝＝"、"＝＝×"时，被联动的设备在"部分自动"及"全部自动"状态下均可进行联动操作。"＝×"、"＝＝×"代表停动操作；"＝"、"＝＝"代表启动操作。等号前后的设备都要求由用户编码和设备类型构成，类型不能缺省。关系符号有"与"、"或"两种，其中"＋"代表"或"，"×"代表"与"。等号后面的联动设备的延时时间为 0～99s，不可缺省，若无延时需输入"00"来表示，联动停动操作的延时时间无效，默认为 00。

联动公式中允许有通配符，用"＊"表示，可代替 0～9 的任何数字。通配符既可出现在公式的条件部分，也可出现在联动部分。通配符的运用可合理简化联动公式。当其出现在条件部分时，这样一系列设备之间隐含"或"关系，例如 0＊001315 即代表：01001315＋02001315＋03001315＋04001315＋05001315＋06001315＋07001315＋08001315＋09001315＋00001315。在输入设备类型时也可以使用通配符。

编辑联动公式时，要求联动部分的设备类型及延时启动时间之间（包括某一联动设备的设备类型与其延时启动时间以及某一联动设备的延时启动时间与另一联动设备的设备类型之间）必须存在空格；在联动公式的尾部允许存在空格；除此之外的位置不允许有空格存在。

联动公式的编辑

选择系统设置菜单的第五项，则进入"联动编程操作"界面，如图 1-40 所示，此时可通过键入"1"、"2"或"3"来选择欲编辑的联动公式的类型。

在联动公式编辑界面，反白显示的为当前输入位置，当输入完 1 个设备的用户编码、设备类型后，光标处于逻辑关系位置，可以按 1 键输入＋号，按 2 键输入×号，按 3 键进入条件选择界面，按屏幕提示可以按键选择"＝"、"＝＝"、"＝×"、"＝＝×"；公式编辑过程中在需要输入逻辑关系的位置，只有按标有逻辑关系的 1、2、3 按键，才能有效输入逻辑关系；公式中需要空格的位置，按任意数字键均可插入空格。

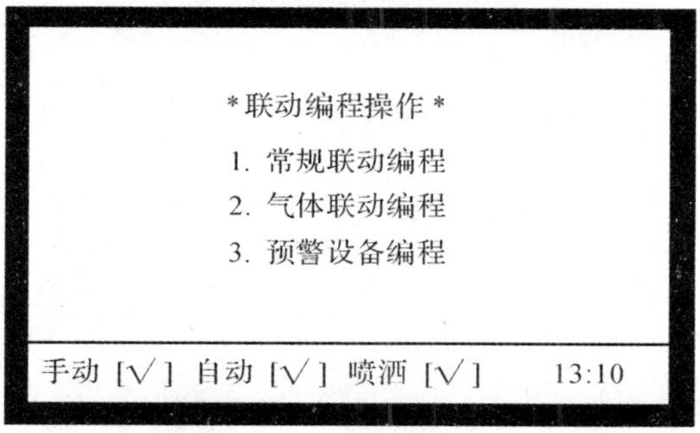

```
*联动编程操作*

1. 常规联动编程

2. 气体联动编程

3. 预警设备编程


手动 [√] 自动 [√] 喷洒 [√]    13:10
```

图 1-40 联动编程操作界面

5. 模拟报警,观察探测报警系统的工作状态

模拟感温探测器报警,观察消防主机、火灾显示盘以及声光警报器的工作状态。

模拟感烟探测器报警,观察消防主机、火灾显示盘以及声光警报器的工作状态。

模拟燃气探测器报警,观察消防主机、火灾显示盘以及声光警报器的工作状态。

模拟手动报警按钮报警,观察消防主机、火灾显示盘以及声光警报器的工作状态。

6. 修改第 4 步

在第 4 步的基础上,修改显示盘的定义为 2 号楼 12 层,只显示本层楼火灾信息。观察烟雾或者燃气报警时,火灾显示盘是否有显示?并记录结果。

7. 直接开关连接

对手动报警按钮和声光警报器进行直接开关连接,在不通过联动公式的情况下,按下手动报警按钮能使声光警报器发出警报(在调试结果前,删除第 5 步,所有联动公式)。

8. 注意事项

(1)系统走线规范,要求回路清楚,以方便查问题。

(2)在使用联动公式自动控制时,注意切换控制方式。

(3)设备二次码编写要规范。

四、任务评价总结

(一)任务评价

按表 1-13 对学生的任务执行情况进行评分。

表 1-13 任务考核

序号	考核内容		分值	评分标准	得分
1	绘制接线图	设备之间的接线图绘制	10 分	接线图绘制错误每处扣 2 分	
2	器件安装	1.按图装接器件 2.器件安装后无松动	10 分	1.未按图装接扣 5 分 2.导线接错每处扣 2 分 3.发现器件安装后有松动每处扣 2 分	

续表

序号	考核内容		分值	评分标准		得分
3	功能要求	设备配置及功能完成情况	40分	10分	设备编码注册定义,错一处扣2分	
				15分	联动公式,错一个扣5分	
				10分	模拟报警,错一处扣2分	
				5分	手动报警按钮控制声光警报器	
4	课题完成效率	快速正确地完成课题任务	10分	最先完成组得10分,其余酌情扣分		
5	技能掌握情况	1.由教师进行相关提问 2.现场观察实训认真程度	20分	能正确回答教师提问的,得分,否则酌情减分	成员	得分
6	安全意识	1.现场操作安全保护应符合安全操作规程 2.工具摆放、导线线头的处理等规范,保持工位的整洁 3.遵守实训室规章,尊重教师,爱惜实训室设备和器材,节约耗材	10分	1.工具摆放、导线线头处理等不符合规范扣5分 2.不遵守实训室规章,设备和器材损坏,耗材出现浪费每处扣5分		

(二)总结交流

学生分组进行对火灾探测报警系统理解的汇报答辩,教师和学生根据附件3—6进行评价考核。

(三)思考练习

1.联动公式中,或和与的关系分别用什么符号表示?

2.联动公式中,"＝"和"＝＝"有什么区别?

3.如何通过手动报警按钮直接控制声光警报器?

4.简述总线制火灾自动报警系统和多线制系统的区别以及优缺点。

5.简述火灾探测报警系统的结构组成。

五、知识链接

(一)火灾自动报警系统的工作原理

1.火灾报警控制系统的运行机制

根据建筑消防规范,将火灾自动报警装置和自动灭火装置按实际需要有机地组合起来,配以先进的控制技术,便构成了建筑消防系统。火灾报警控制系统由探测、报警与控制三部分组成,它完成了对火灾预防与控制的主要功能。

火灾探测部分主要由探测器组成,是火灾自动报警系统的检测元件,它将火灾发生初期所产生的烟、热、光转变成电信号,然后送入报警系统。

报警控制部分由各种类型报警器组成,它主要是将收到的报警电信号显示和传递,并对自动消防装置发出控制信号。火灾探测和报警控制两个部分可构成相对独立的火灾自动报警系统。

联动控制部分由一系列控制系统组成,如声光报警系统、水灭火/气体灭火系统、防烟排烟系统、消防广播和消防电话通信等。联动控制部分其自身是不能独立构成一个自动的控制系统的,因为它必须根据来自火灾自动报警系统的火警数据,经过分析处理后,方能发出相应的联动控制信号。

整个运行过程为:火灾探测器通过对火灾发出的燃烧气体、烟雾粒子、温升和火焰的探测,将探测到的火情信号转化为火警电信号。在现场的人员若发现火情后,也可发出火警电信号。火灾报警控制器接收到火警电信号,经确认后,一方面发出预警和火警声光报警信号,同时显示并记录火警地址和时间,告诉消防控制室的值班人员;另一方面将火警电信号传送至各楼层(防火分区)所设置的火灾显示盘,火灾显示盘经信号处理,发出预警和火警声光报警信号,并显示火警发生的地址,通知防火分区值班人员立即查看火情及采取相应的扑灭措施。在消防控制室还可以通过火灾报警控制器的通信接口,将火警信号在 CRT 彩显系统显示屏上更直观地显示出来。火灾报警控制系统原理如图 1-41 所示。

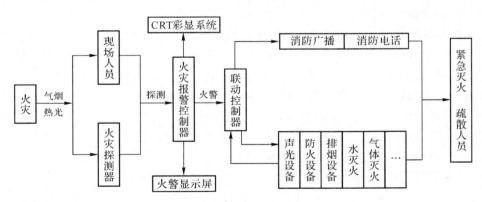

图 1-41　火灾控制系统原理

联动控制器则从火灾报警控制器读取火警数据,经预先编程设置好的联动控制逻辑处理后,向相应的控制点发出联动控制信号,并发出提示声光信号,经过执行器去控制相应的外控消防设备,如排烟阀、排烟风机等防烟排烟设备;防火阀、防火卷帘门等防火设备;警铃、警笛和声光报警器等警报设备;关闭空调、电梯迫降和打开人员疏散指示灯等;启动消防泵等消防灭火设备等。外控消防设备的启停状态应反馈给联动控制器主机并以光信号形式显示出来,使消防控制室值班人员了解外控设备的实际运行情况,消防内部电话、消防内部广播起到通信联络和对人员疏散、防火灭火的调度指挥作用。

2.火灾自动报警系统的结构形式

火灾自动报警系统结构形式多样。按火灾探测器与火灾报警控制器间连接方式不同可分为多线制和总线制系统结构;按火灾报警控制器实现火灾信息处理及判断智能的方式不同可分为集中智能和分布智能系统结构;根据火灾自动报警系统联动功能的复杂程度及报警系统保护范围的大小可分为区域报警系统、集中报警系统和控制中心报警系统三种系统结构。

(1)多线制系统结构

多线制系统结构形式与早期的火灾探测器设计、火灾探测器与火灾报警控制器的连接等有关。一般要求每个火灾探测器采用两条或更多条导线与火灾报警控制器相连接,以确保从每个火灾探测点发出火灾报警信号。简而言之,多线制结构的火灾自动报警系统采用简单的模拟或数字电路构成火灾探测器,并通过电平转换输出火警信号,火灾报警控制器依靠直流信号巡检和向火灾探测器供电,火灾探测器与火灾报警控制器采用硬线——对应连接,有一个火灾探测点便需要一组硬线与之对应,其接线方式为 $2n+1$,$n+1$ 等线制。其设计、施工与维护复杂,已逐步被淘汰。

(2)总线制系统结构

总线制系统结构形式是在多线制基础上发展起来的。微电子器件、数字脉冲电路及计算机应用技术用于火灾自动报警系统,改变了以往多线制结构系统的直流巡检和硬线对应连接方式,代之以数字脉冲信号巡检和信息压缩传输,采用大量编码、译码电路和微处理器实现火灾探测器与火灾报警控制器的协议通信和系统监测控制,大大减少了系统线制,带来了工程布线的灵活性,并形成了枝状和环状两种工程布线方式。

总线制系统结构目前应用广泛,从线制来分,可分为四总线制、三总线制、有极性二总线制和无极性二总线制四种类型。四总线制是最早采用的,已被淘汰,三总线制目前还有应用。二总线制,特别是无极性二总线制已经显示出良好的性能和很好的发展潜力。

无极性二总线制是指通过将数字信号调制到直流电源上,使得电源线与信号线共用一根线,另一条线为零线。探测器或模块的两接线端的极性没有限制,可与二总线任意端连接,称为无极性连接。传统无极性二总线制一般采用标准数字式传输方式,其编码调制方式大致有以下三种类型,即 PCM 方式、PWM 方式及 DTM 方式。

PCM 方式(脉冲计数编码方式)大多在早期的总线制产品中采用。其优点是成本低、功耗小,查询速率可达每秒几百次,但其最大的缺点是抗干扰能力很差,遇到脉冲干扰时就会出现严重的错误,这也正是 PCM 方式逐渐被淘汰的原因。

PWM 方式(脉宽调制编码方式)的优点是抗干扰能力好、功耗又较低,近年来应用开始趋于广泛。但是,其查询速率比较慢,只有每秒几十次。

DTM 方式(双音频编码方式)的抗干扰能力比较好,功耗也较低,但成本较高。它更适用于数千米以上的超长线的传输。其查询速率也只有每秒几十次。

可以看出,以上三种方式均有各自的优缺点。

(3)集中智能系统结构

集中智能系统一般是二总线制结构并选用通用火灾报警控制器,其特点是:火灾探测器实际是火灾传感器,仅完成对火灾参数的有效采集、变换和传输;火灾报警控制器采用微型机技术实现信息集中处理、数据储存、系统巡检等,并由内置器件完成火灾信号特征模型和报警灵敏度调整、火灾判别、网络通信、图形显示和消防设备监控等功能。在这种结构形式下,火灾报警控制器要一刻不停地处理每个火灾探测器送回的数据,并完成系统巡检、监控、判优、网络通信等功能。当建筑规模庞大、火灾探测器和消防设备数目众多时,单一火灾报警主机会出现应用器件复杂庞大、巡检周期过长、可靠性降低和使用维护不便等缺点。

(4)分布智能系统结构

分布智能系统是在保留二总线制集中智能型系统优点基础上发展而成的。它将集中智能系统中对火灾探测信息的基本分析、环境补偿、探头清洁报警和故障判断等功能由现场火灾探测器或区域控制器直接处理,从而免去中央火灾报警控制器大量的信号处理负担,使之能够从容地实现上位管理功能,如系统巡检、火灾参数算法运算、消防设备监控、联网通信等,提高了系统巡检速度、稳定性和可靠性。显然,分布智能方式对火灾探测器和区域控制器设计提出了更高要求,要兼顾火灾探测及时性和报警可靠性。由于系统集散化的结构,一旦某一部分发生故障,不会对其他部分造成影响,而且系统联网功能强,可以和建筑物自动控制系统进行集成,增强了综合防灾能力。在分布式智能火灾自动报警系统中采用人工智能、火灾数据库、知识挖掘技术、模糊逻辑理论和人工神经网络等技术,保证了技术先进性。分布智能系统结构形式是火灾监控系统的发展方向并已逐渐成为主流。

(5)区域火灾报警系统结构

区域火灾报警系统通常由区域火灾报警控制器、火灾探测器、手动火灾报警按钮、火灾报警装置及电源等组成,其结构如图 1-42 所示。区域报警系统宜用于二级保护对象。因为未设置集中报警控制器,当火灾报警区域过多而又分散时就不便于集中监控与管理。

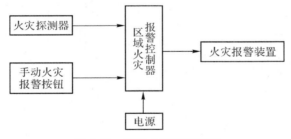

图 1-42 区域火灾报警系统

(6)集中火灾报警系统结构

集中火灾报警系统(见图 1-43)通常由集中火灾报警控制器、至少两台区域火灾报警控制器(或区域显示屏)、火灾探测器、手动火灾报警按钮、火灾报警装置及电源等组成。集中报警系统宜用于一级和二级保护对象。集中火灾报警系统应设置在由专人值班的房间或消防值班室内,若集中报警不设在消防控制室内,则应将它的输出信号引至消防控制室,这有助于建筑物内整体火灾自动报警系统的集中监控和统一管理。

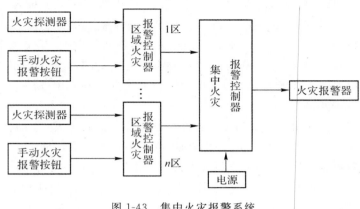

图 1-43　集中火灾报警系统

（7）控制中心报警系统结构

控制中心报警系统通常由至少一台集中火灾报警控制器、一台消防联动控制设备、至少两台区域火灾报警控制器（或区域显示屏）、火灾探测器、手动报警按钮、火灾报警装置、火警电话、火警应急照明、火灾应急广播、联动装置及电源等组成，其结构示意图如图 1-44 所示。

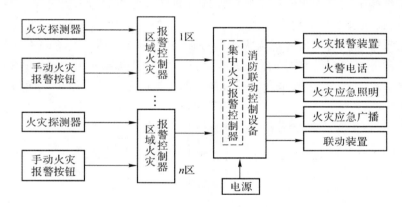

图 1-44　控制中心报警系统

控制中心报警系统宜用于特级和一级保护对象。火灾报警控制器设在消防控制室内，其他消防设备及联动控制设备，可采用分散控制和集中遥控两种方式。各消防设备工作状态的反馈信号，必须集中显示在消防控制室的监控台上，以便对建筑内的防火安全设施进行全面控制与管理。控制中心报警系统探测区域可多达数百个甚至几千个。

（二）火灾探测报警系统设计规范

火灾探测报警系统由火灾报警控制器、火灾探测器、手动火灾报警按钮、火灾显示盘、消防控制室图形显示装置、火灾声和（或）光警报器等全部或部分设备组成，完成火灾探测报警功能。

火灾探测报警系统应设有自动和手动两种触发装置。

任一一台火灾报警控制器（含联动型控制器）的容量即所连接的火灾探测器和控制模块或信号模块的地址总数不应超过 3200 点，每一总线回路连接设备的地址码总数，宜留有一定的余量，且不超过 200 点。

火灾探测报警系统形式的选择应符合下列规定：

(1)区域报警系统,宜用于二级和三级保护对象。

(2)集中报警系统,宜用于一级和二级保护对象。

(3)控制中心报警系统,宜用于特级和一级保护对象。

家用火灾报警系统适用于住宅、公寓等居住场所。其中 A 类和 B 类家用火灾报警系统宜用于有物业管理的住宅,C 类家用火灾报警系统宜用于没有物业管理的单元住宅,D 类家用火灾报警系统可用于别墅式住宅。

(三)火灾自动报警系统施工规范及验收规范

1. 布线

(1)火灾自动报警系统的布线,应符合现行国家标准《建筑电气装置工程施工质量验收规范》(GB 50303)的规定。

检查数量:全数检查。

检验方法:观察检查。

(2)火灾自动报警系统布线时,应根据现行国家标准《火灾自动报警系统设计规范》(GB 50116)的规定,对导线的种类、电压等级进行检查。

检查数量:全数检查。

检验方法:观察检查。

(3)在管内或线槽内的布线,应在建筑抹灰及地面工程结束后进行,管内或线槽内不应有积水及杂物。

检查数量:全数检查。

检验方法:观察检查。

(4)火灾自动报警系统应单独布线,系统内不同电压等级、不同电流类别的线路,不应布在同一管内或线槽的同一槽孔内。

检查数量:全数检查。

检验方法:观察检查。

(5)导线在管内或线槽内,不应有接头或扭结。导线的接头,应在接线盒内焊接或用端子连接。

检查数量:全数检查。

检验方法:观察检查。

(6)从接线盒和线槽等处到探测器底座、控制设备、扬声器的线路,当采用金属软管保护时,其长度不应大于 2m。

检查数量:全数检查。

检验方法:尺量、观察检查。

(7)敷设在多尘或潮湿场所管路的管口和管子连接处,均应作密封处理。

检查数量:全数检查。

检验方法:观察检查。

(8)管路超过下列长度时,应在便于接线处装设接线盒:

①管子长度每超过 30m,无弯曲时。

②管子长度每超过 20m,有 1 个弯曲时。

③管子长度每超过 10m,有 2 个弯曲时。

④管子长度每超过 8m,有 3 个弯曲时。

检查数量:全数检查。

检验方法:尺量、观察检查。

(9)金属管子入盒,盒外侧应套锁母,内侧应装护口;在吊顶内敷设时,盒的内外侧均应套锁母。塑料管入盒应采取相应固定措施。

检查数量:全数检查。

检验方法:观察检查。

(10)明敷设各类管路和线槽时,应采用单独的卡具吊装或支撑物固定。吊装线槽或管路的吊杆直径不应小于 6mm。

检查数量:全数检查。

检验方法:尺量、观察检查。

(11)线槽敷设时,应在下列部位设置吊点或支点:

①线槽始端、终端及接头处。

②距接线盒 0.2m 处。

③线槽转角或分支处。

④直线段不大于 3m 处。

检查数量:全数检查。

检验方法:尺量、观察检查。

(12)线槽接口应平直、严密,槽盖应齐全、平整、无翘角。并列安装时,槽盖应便于开启。

检查数量:全数检查。

检验方法:观察检查。

(13)管线经过建筑物的变形缝(包括沉降缝、伸缩缝、抗震缝等)处,应采取补偿措施,导线跨越变形缝的两侧应固定,并留有适当余量。

检查数量:全数检查。

检验方法:观察检查。

(14)火灾自动报警系统导线敷设后,应用 500V 兆欧表测量每个回路导线对地的绝缘电阻,该绝缘电阻值不应小于 20MΩ。

检查数量:全数检查。

检验方法:兆欧表测量。

(15)同一工程中的导线,应根据不同用途选不同颜色加以区分,相同用途的导线颜色应一致。电源线正极应为红色,负极应为蓝色或黑色。

检查数量:全数检查。

检验方法:观察检查。

2.控制器类设备的安装

(1)火灾报警控制器、可燃气体报警控制器、区域显示器、消防联动控制器等控制器类设备(以下称控制器)在墙上安装时,其底边距地(楼)面高度宜为 1.3~1.5m,其靠近门轴的侧面距墙不应小于 0.5m,正面操作距离不应小于 1.2m;落地安装时,其底边宜高出地(楼)面 0.1~0.2m。

检查数量:全数检查。

检验方法:尺量、观察检查。

(2)控制器应安装牢固,不应倾斜;安装在轻质墙上时,应采取加固措施。

检查数量:全数检查。

检验方法:观察检查。

(3)引入控制器的电缆或导线,应符合下列要求:

①配线应整齐,不宜交叉,并应固定牢靠。

②电缆芯线和所配导线的端部,均应标明编号,并与图纸一致,字迹应清晰且不易退色。

③端子板的每个接线端,接线不得超过 2 根。

④电缆芯线和导线,应留有不小于 200mm 的余量。

⑤导线应绑扎成束。

⑥导线穿管、线槽后,应将管口、槽口封堵。

检查数量:全数检查。

检验方法:尺量、观察检查。

(4)控制器的主电源应有明显的永久性标志,并应直接与消防电源连接,严禁使用电源插头。控制器与其外接备用电源之间应直接连接。

检查数量:全数检查。

检验方法:观察检查。

(5)控制器的接地应牢固,并有明显的永久性标志。

检查数量:全数检查。

检验方法:观察检查。

模块总结

1.本模块是本课程的先导内容,介绍了消防的基本知识,火灾特征及熄灭方法,火灾自动报警系统的工作原理和结构组成,使学生对火灾及消防有较为系统的了解。

2.对火灾探测报警系统进行了详细的分析,具体介绍了各种火灾探测器的工作原理、使用场合以及布置方式。其中,使用场合和布置方式给出了相应的国家标准规范。

3.通过两个实训任务,让学生对火灾探测报警系统的各个设备的工作原理有了深入的了解,对火灾探测报警系统的组成及工作原理也有了深入的认识,锻炼了火灾探测报警系统的安装与调试能力。

模块二　消防防排烟系统设计与施工

教学目标

1. 了解烟雾的危害以及防排烟的重要性
2. 掌握消防防排烟系统的工作原理
3. 掌握消防防排烟系统的设备及应用场合
4. 掌握消防防排烟系统的安装与调试

教学导航

知识重点：1. 烟雾的特征以及危害

　　　　　2. 防排烟系统的功能组成及结构形式

　　　　　3. 防排烟系统的设计规范和标准

模块难点：1. 排烟风机的控制与调试

　　　　　2. 排烟阀和防火阀的控制与调试

　　　　　3. 继电器及接触器的工作原理

教学方式：1. 分小组查阅防排烟系统的相关知识并讨论

　　　　　2. 讲解理论知识

　　　　　3. 学生分组设计消防防排烟系统

　　　　　4. 学生分组安装与调试消防防排烟系统

技能重点：1. 排烟风机等强电设备的控制方法

　　　　　2. 产品选型以及说明书的查阅能力

　　　　　3. 消防防排烟系统安装与调试的方法

背景资料

　　当今世界很多重特大火灾事故造成人员大量伤亡和财产的重大损失，主要是火灾现场中的浓烟与烈焰。而两者之间危害更大的是浓烟。浓烟给火灾现场受困人员向外逃生增添了很多艰难险阻，乌黑的浓烟使人视线不清，找不到逃生之路，呼吸困难，而且吸入浓烟还会导致中毒，甚至窒息死亡。另外，浓烟还给进入火场进行救援的人员增加障碍，使人看不见前进道路，行动延缓，搜救目标看不见，错过了很多救人的时间和机会。有时甚至救人未成，反而被烟火所困，危及救援人员的自身安全，造成火灾现场人员逃生难，救援人员救灾难的两难现象。

　　2003年2月18日，韩国大邱市地铁火灾发生后，车站电力照明设备立即自动断电，没有事故照明灯光，更有毒气浓烟弥漫，浓烟排不出去，地铁站内漆黑一片，车上被困人员无法逃生,救援人员因有毒气浓烟威胁,一时难以接近现场救人,造成 140 人死亡,99 人失踪,130 人受伤。又如,2004 年 8 月 1 日,巴拉圭首都亚松森市的"Ycuo Bolanos"多层超市火灾,火灾发生后熊熊大火和滚滚浓烟几分钟内席卷了整个超市,因为没有机械排烟系统排烟,救援人员难以开展有效的救人和救火工作,被烟火围困人员无法逃生,造成 464 人死亡,520 人受伤。这两起特大伤亡的火灾事故足以说明火灾浓烟的危害性,更说明了机械排烟系统的重要性。如果这两起火灾的建筑和车上装设了机械排烟系统,且系统启动运作正常的话,就能及时启动自动排烟风机,把有毒气体和浓烟排走,就不会造成如此重大的伤亡事故了。

很多高层建筑、地下工程、交通隧道、公共娱乐场所火灾事故造成人员重大伤亡的惨重教训,使人们清楚地认识到设计安装好防排烟系统和确保系统的性能长期良好的重要性与必要性。火灾事实告诉我们防排烟系统在火灾发生时能有效地控制烟气的蔓延,且排烟迅速及时,对救人、救灾工作起着关键的作用。它是关系到救灾救人成功与否的重要消防设施,必须要设计安装好、维护保养好,保证使用期内性能始终处于良好状态。

消防防排烟系统包括防烟系统和排烟系统。防烟系统的作用是建筑内一旦发生烟火灾情,能有效地把烟气控制在划定的防烟区域范围内,不让它扩大蔓延到其他区域,减少建筑内大面积的受害,能减少救人救灾的难度。排烟系统的作用是建筑内一旦发生烟火灾情,能迅速启动,及时地把烟气排出建筑外,使疏散人员、救灾人员不被烟火所困,减少人员的伤亡和财产损失,为救人救火创造有利的条件。

项目一 消防防排烟系统设计与施工

一、任务目标

1.掌握消防防排烟系统的工作原理
2.掌握消防防排烟系统设备的功能
3.掌握输入模块、输入/输出模块、切换模块等通用总线模块的功能
4.掌握多线制控制防排烟设备的方法
5.掌握消防防排烟系统的安装与调试

二、任务准备

模拟房间实训平台、导线若干、万用表、各种型号的螺丝刀、剥线钳、捆扎带、热缩管、电烙铁以及如表 2-1 所示的设备。

表 2-1 设备材料

序 号	设 备	数 量
1	编码器	1
2	火灾报警控制器	1
3	感烟探测器	1

续表

序号	设备	数量
4	输入/输出模块 8301	2
5	切换模块 8302	1
6	输入模块 8300	1
7	模拟防火阀	1
8	模拟排烟阀（2 位继电器）	1
9	模拟接触器（4 位继电器）	1
10	模拟排烟风机	1

（一）输入/输出模块 8301

1. 工作原理

模块内嵌微处理器，微处理器实现与火灾报警控制器通信、电源总线掉电检测、输出控制、输入信号逻辑状态判断、输入/输出线故障检测、状态指示灯控制。模块接收到火灾报警控制器的启动命令后，吸合输出继电器，并点亮指示灯。模块接收到设备传来的回答信号后，将该信息传到火灾报警控制器。GST-LD-8301 型输入/输出模块如图 2-1 所示。

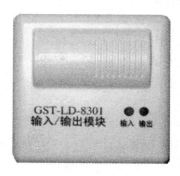

图 2-1　GST-LD-8301 型输入/输出模块

2. 接线说明

GST-LD-8301 型输入/输出模块接线说明如下，与排烟阀的接线如图 2-2 所示：

Z_1、Z_2：接控制器两总线，无极性。

D_1、D_2：DC 24V 电源，无极性。

G、NG、V＋、NO：DC 24V 有源输出辅助端子，将 G 和 NG 短接、V＋和 NO 短接（注意：出厂默认已经短接好，若使用无源常开输出端子，请将 G、NG、V＋、NO 之间的短路片断开），用于向输出触点提供＋24V 信号以便实现有源 DC 24V 输出；无论模块启动与否 V＋、G 间一直有 DC 24V 输出。

I、G：与被控制设备无源常开触点连接，用于实现设备动作回答确认（也可通过电子编码器设为常闭输入或自回答）。

COM、S－：有源输出端子，启动后输出 DC 24V，COM 为正极、S－为负极。

COM、NO：无源常开输出端子。

其中,排烟阀为 24V 开关量。

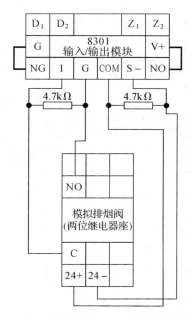

图 2-2　输入/输出模块 8301 控制排烟阀接线

(二)切换模块

GST-LD-8302 型切换模块专门用来与 GST-LD-8301 型模块配合使用,实现对现场大电流(直流)启动设备的控制及交流 220V 设备的转换控制,以防由于使用 GST-LD-8301 型模块直接控制设备造成交流电源引入控制系统总线的危险。GST-LD-8302 型切换模块如图 2-3 所示。

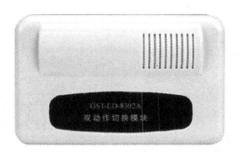

图 2-3　GST-LD-8302 型切换模块

GST-LD-8302 型切换模块端子如图 2-4 所示,接线说明如下:

NC、COM、NO:常闭、常开控制触点输出端子。

O、G:有源 DC 24V 控制信号输入端子,输入无极性。

安装时按照模块接线说明将总线接在底壳对应端子上,将模块插入底壳上即可。

通过 GST-LD-8302 型切换模块控制排烟风机的方式如图 2-5 所示。其中,12V 的排烟风机为模拟风机,实际工程中为 220V 的强电设备;本实训采用继电器模拟强电接触器。

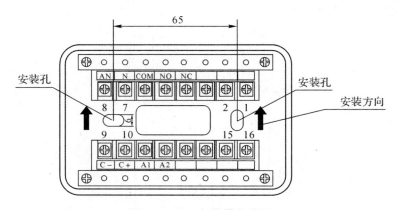

图 2-4　8302 切换模块端子

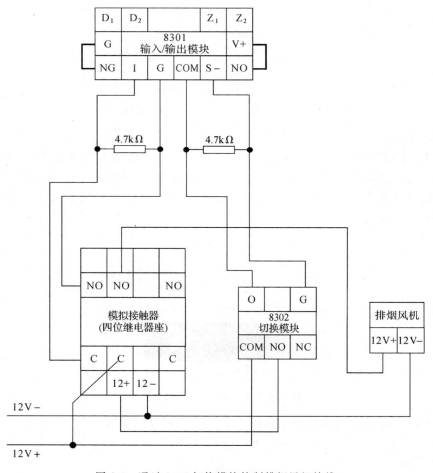

图 2-5　通过 8302 切换模块控制排烟风机接线

(三)输入模块

GST-LD-8300 输入模块(见图 2-6),用于接收消防联动设备输入的常开或常闭开关量信号,并将联动信息传回火灾报警控制器(联动型)。其主要用于配接现场各种主动型设备,如水流指示器、压力开关、位置开关、信号阀及能够送回开关信号的外部联动设备等。这些设备动作后,输出的动作信号可由模块通过信号二总线送入火灾报警控制器,产生报警,并可通过火灾报警控制器来联动其他相关设备动作。

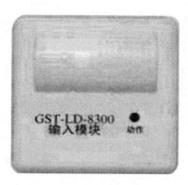

图 2-6　GST-LD-8300 输入模块

注意:模块输入端如果设置为"常闭检线"状态输入,模块输入线末端(远离模块端)就必须串联一个 4.7kΩ 的终端电阻;模块输入端如果设置为"常开检线"状态输入,模块输入线末端(远离模块端)就必须并联一个 4.7kΩ 的终端电阻。

GST-LD-8300 输入模块接线说明如下:

Z_1、Z_2:接控制器两总线,无极性。

I、G:与设备的无源常开触点(设备动作闭合报警型)连接;也可以通过电子编码器设置为常闭输入。

(四)防排烟设备

(1)防火阀,常开,70℃(或者 280℃)关闭,一般安装在风管穿越防火墙处,起火灾关断作用,可以设置输出电讯号,温度超过 70℃(或者 280℃)时阀门关闭,联动送(补)风机关闭。防火阀是开关量输入,本项目中采用普通开关模拟。

(2)排烟阀为 24V 开关量信号输入,采用 24V 直流继电器模拟。

(3)排烟风机为 220V 交流电,实训中采用 12V 直流风扇模拟。其中红的为电源正极,黑的为电源负极。

此外,还要用到继电器和接触器,用于控制排烟风以及排烟阀等设备。

三、任务实施

(一)任务预习阶段

(1)学习防排烟系统的工作原理。

(2)收集构建消防防排烟系统需要设备的说明书,并详细分析工作原理和性能参数。

(3)学习"知识链接"相关内容。

(4)完成如表 2-2 和表 2-3 预习表格内容。

表 2-2　一般了解——消防防排烟系统一般知识填写(40 分)

预习内容		将合理的答案填入相应栏目	分值	得分
消防防排烟系统	排烟风机的作用		10 分	
	防火阀的作用		10 分	
	排烟阀的作用		10 分	
	机械排烟分为哪几种		5 分	
	防火阀通过什么设备接入总线		5 分	

表 2-3　核心理解——消防防排烟系统核心知识填写(60 分)

预习内容		将合理的答案填入相应栏目	分值	得分
控制方法	继电器的原理		10 分	
	排烟阀通过什么设备接入总线		10 分	
	如何判断继电器线圈有没有接反		10 分	
	8301 的输出信号是什么		10 分	
多线制	多线制的作用		10 分	
	多线制定义		10 分	

(二)任务执行阶段

1.绘制原理图

学生分组绘制如图 2-7 所示的感烟探测报警系统的接线图,要求用 AutoCAD 绘制,绘图要求规范;各接线端子的工作原理,自行查阅资料了解。

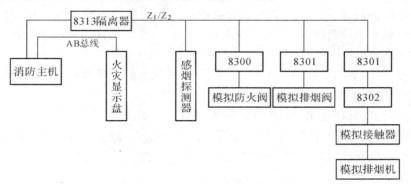

图 2-7　消防防排烟系统

2.安装接线

设备安装要求:设备位置合理、安装方法正确、设备安装牢固,感温探测器等吸顶设备要安装在实训模拟房间的顶部。

接线要求:消防总线采用白色护套双绞线、24V 及 12V 电源采用红色和黑色导线,其中红色为正,要求能明显区分回路。接线要求平直整洁、接头无分叉,走线尽量短、垂直,每个设备的走线,都必须是从最近距离的线槽走,并从网孔板的内侧走线。

3.设备编码、注册及定义

系统上电,对火灾报警控制器进行设备编码、注册及定义,相关参数设置如表 2-4 所示。

表 2-4　设备编码注册定义参数

设备	编码值	设备类型	手动盘键值	二次码	状态
感烟探测器	11		/	本层楼第 11 个设备	/
防火阀	12		/	本层楼第 12 个设备	/
排烟阀	13	查类型表	01	本层楼第 13 个设备	脉冲启
排烟风机	14		02	本层楼第 14 个设备	电平启
火灾显示盘	04		/	本层楼火火灾信息	/

注:假设设备安装在第 1 号楼区第 15 层。

4.编写联动公式

当感烟探测器检测到报警信号后,立即开启排烟阀,并延时 5s 启动排烟风机。

当检测防火阀关闭按钮时,延时 10s,关闭排烟风机。

5.模拟火灾探测器响应火灾的能力

模拟感烟探测器报警,观察消防主机、火灾显示盘以及排烟阀和排烟风机的工作状态。

模拟防火阀关闭,观察消防主机、火灾显示盘以及排烟风机的工作状态。

6.添加多线制控制排烟风机的功能,实现排烟风机的启动和停动

消防泵、排烟机、送风机等重要设备的控制应该使用多线制控制盘进行直接控制。多线制控制盘要满足每路输出具有短路和断路检测功能,并有相应的灯光指示,每路输出均有相应的手动直接控制按键,整个多线制控制盘具有手动控制锁,只有手动锁处于允许状态,才能使用手动直接控制按键。GST-200 消防报警控制器的多线制控制盘采用模块化结构,由手动操作部分和输出控制部分构成;手动操作部分包含手动允许锁和手动启停按键,输出控制部分包含 6 路输出。

多线制控制:主要用于控制消防泵、喷淋泵、排烟风机等重要设备的启动和停止。

容量:可以控制 6 路设备的启动和停止。

信号输出方式:脉冲输出(持续 3s 的脉冲),电平方式输出。

由脉冲控制设备的"启/停"则需"多线制"的两路控制,即一路为控制启动,一路为控制停止。

由电平控制设备的"启/停"则只需"多线制"的一路控制,即由同一路"多线制"控制设备的启动和停止。

接线端子说明如图 2-8 所示。

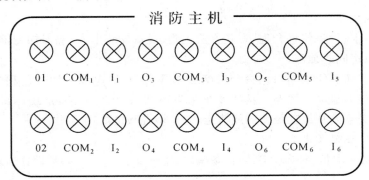

图 2-8　多线制接线

O_x COM_x I_x:对应着多线制的 DC 24V 控制输出(O_x COM_x)和反馈输入(COM_x I_x 为开关量,闭合时为反馈)。其中 x 代表 1、2、3、4、5、6 路。

多线制与外部设备接线如图 2-9 所示,其中输入 I 和输入 O 采用公共地 COM。

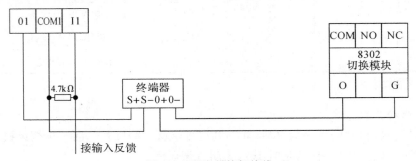

图 2-9　多线制外部接线

为了能够和消防主机上的多线制按键对应,多线制设备按键需要进行设备定义,目的是为了按键值和某一特定设备相对应,而这个设备必须事先已经进行外部设备定义。多线制

按键定义和外部设备定义方法类似。

　　7.注意事项

（1）系统走线规范，要求回路清楚，以方便查问题。

（2）在接排烟风机的时候，注意电源为12V，且不可接反。

（3）模拟防火阀的开关状态不要接反。

四、任务评价总结

（一）任务评价

按表2-5的要求对学生的任务执行情况进行评分。

表 2-5　任务考核

序号	考核内容		分值	评分标准		得分
1	绘制接线图	设备之间的接线图绘制	10分	接线图绘制错误每处扣2分		
2	器件安装	1.按图装接器件 2.器件安装后无松动	10分	1.未按图装接扣5分 2.导线接错每处扣2分 3.发现器件安装后有松动每处扣2分		
3	功能要求	设备配置及功能完成情况	40分	10分	设备编码注册定义，错一处扣2分	
				10分	手动盘控制排烟风机不工作扣5分，手动盘控制排烟阀不工作扣5分	
				10分	联动公式错每个扣5分	
				10分	多线制控制排烟风机启停不工作，各扣5分	
4	课题完成效率	快速正确地完成课题任务	10分	最先完成组得10分，其余酌情扣分		
5	技能掌握情况	1.由教师进行相关提问 2.现场观察实训认真程度	20分	能正确回答教师提问的，得分，否则酌情减分	成员　　得分 　　　　 　　　　 　　　　 　　　　 	
6	安全意识	1.现场操作安全保护应符合安全操作规程 2.工具摆放、导线线头处理等规范，保持工位的整洁 3.遵守实训室规章，尊重教师，爱惜实训室设备和器材，节约耗材	10分	1.工具摆放、导线线头处理等不符合规范扣5分 2.不遵守实训室规章，设备和器材损坏，耗材出现浪费每处扣5分		

(二)总结交流

学生分组进行对消防防排烟系统理解的汇报答辩,教师和学生根据附件3—6进行评价考核。

(三)思考练习

(1)火灾烟雾由什么成分组成?

(2)防排烟系统有哪几种结构形式?

(3)防火阀和排烟防火阀有哪些区别。

(4)简述挡烟垂壁的功能及工作原理。

(5)在排烟风机控制中,继电器和接触器的功能是什么? 如何正确连接线路?

(6)如何实现排烟设备反馈信号输入到报警主机?

五、知识链接

在《建筑设计防火规范》和《高层民用建筑设计防火规范》中均明确规定了高层及其他各类现代建筑的防排烟系统的设置要求。在消防验收检测过程中,建筑防排烟系统与消防报警系统的联动控制是一项重要的功能检测项目。防排烟系统、消防报警系统及消防联动控制系统是两个相对独立且密切相关的系统。不同类型、功能的建筑,防排烟系统的设置形式不同,与消防报警系统的联动控制实现方式也有所不同。

(一)防排烟系统的结构

防排烟系统包括自然防排烟系统和机械防排烟系统。

自然防排烟系统形式如图 2-10 和图 2-11 所示。

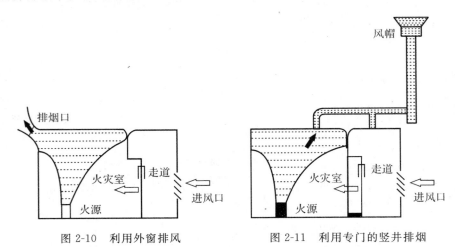

图 2-10　利用外窗排风　　　　图 2-11　利用专门的竖井排烟

机械排烟系统可分为如下三种方式:

(1)机械负压排烟方式(自然送风)。排烟系统依靠排烟风机所造成的负压,通过自然进风竖井和进风口补充到前室。机械负压排烟方式如图 2-12 所示。

(2)机械送风正压排烟方式。对疏散通道的楼梯间进行机械送风,使其压力高于防烟楼梯间或消防电梯前室,而这些部位的压力又比走道和火灾房间要高些,这种防止烟气侵入的

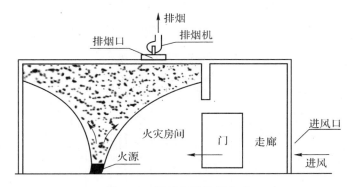

图 2-12 机械负压排烟方式

方式,称为机械加压送风方式。送风可直接利用室外空气,不必进行任何处理。烟气则通过远离楼梯间的走道外窗或排烟竖井排至室外。机械送风正压排烟方式如图 2-13 所示。

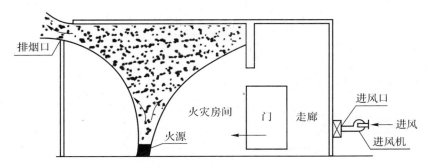

图 2-13 机械送风正压排烟方式

(3)全面通风排烟方式(机械排烟、机械送风)。利用设置在建筑物最上层的排烟风机,通过设在防烟楼梯间、前室或消防电梯前室上部的排烟口及与其相连的排烟竖井至室外,或通过房间(或走道)上部的排烟口排至室外;由室外送风机通过竖井和设于前室(或走道)下部的送风口向前室(或走道)补充室外的新风。各层的排烟口及送风口的开启与排烟风机及室外送风风机相连锁。全面通风排烟方式如图 2-14 所示。

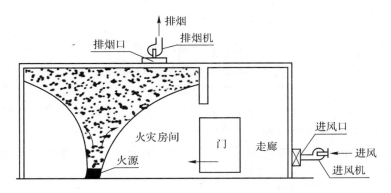

图 2-14 全面通风排烟方式

机械防排烟系统都是由送排风管道、管井、防火阀、门开关设备、送风机、排风机等设备组成。防烟系统及排烟系统的设置形式如图 2-15 和图 2-16 所示。

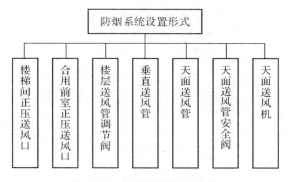

图 2-15　防烟系统设置形式

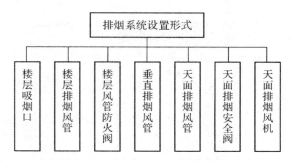

图 2-16　排烟系统设置形式

(二)防排烟系统设备的组成

防排烟系统包括以下几个重要设备部件,它的设置原理和要求关系到防排烟系统的性能、功能和作用,关系到整个系统的质量问题。

1.防烟分区

防烟分区是指以屋顶挡烟隔板、挡烟垂壁或从顶棚向下突出 500mm 的梁为界,从地板到屋顶或吊顶之间的空间。

2.挡烟垂壁

挡烟隔墙是最好的防烟分隔物。但这种设计常给使用和建筑功能带来不便,实际应用不多。常用的是挡烟垂壁。挡烟垂壁是指用不燃材料制成,从顶棚下垂不少于 500mm 的固定或活动的挡烟设施。活动挡烟垂壁是指火灾时因感温、感烟或其他控制设备的作用,自动下垂的挡烟垂壁。设计时可采用吊顶下表面的突出物或钢筋混凝土梁做挡烟垂壁,也有采用吊顶内排烟口的盖板与火灾探测器连锁的形式。活动挡烟垂壁在火灾发生时在控制器的驱动下动作,自动打开排烟口的盖板,形成悬垂的挡烟板,直接把烟排除。挡烟垂壁如图 2-17所示,挡烟垂壁现场施工如图 2-18 所示。

(1)挡烟垂壁的主要技术性能要求

①挡烟垂壁的标牌应牢固,标识应清楚。

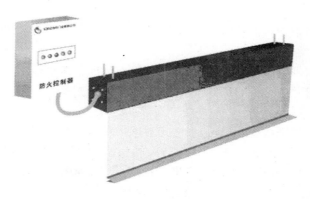

图 2-17　挡烟垂壁

图 2-18　挡烟垂壁现场施工

②挡烟垂壁金属零部件表面不允许有裂纹、压坑以及明显的凹凸、锤痕、毛刺、孔洞等缺陷;其表面必须做防锈处理,涂层、镀层应均匀,不得有斑驳、流淌现象。

③卷帘式挡烟垂壁的挡烟部件不允许有撕裂、缺角、挖补、破洞、倾斜、跳线、断线、经纬纱密度明显不匀及色差等缺陷;其表面应平直、整洁、美观。

④各零部件的组装、拼接处不允许有错位。

(2)材料及零部件

①挡烟垂壁所用的各种原材料必须符合相应国家标准或行业标准的规定。

②挡烟垂壁所用的电机及控制箱(含按钮盒)应是经国家检测机构检验合格的产品。

③挡烟垂壁挡烟部件在$(200\pm15)\,℃$、$(25\pm5)\,\text{Pa}$差压时的漏烟量应不大于 $25\text{m}/(\text{m}\cdot\text{h})$。

④卷帘式挡烟垂壁挡烟部件若由两块或两块以上织物缝制时,其搭接宽度应不小于 20mm。

⑤单节挡烟垂壁的宽度不能满足防烟分区要求时,可用多节垂壁以搭接的形式安装使用,且搭接宽度应满足:

卷帘式挡烟垂壁应不小于 100mm;

翻板式挡烟垂壁应不小于 20mm。

⑥挡烟垂壁边沿与建筑物结构表面应保持最小距离,此距离不应大于 20mm。

⑦卷帘式挡烟垂壁必须设置重量足够的底梁,以保证垂壁运行的顺利、平稳。

（3）控制方式

①挡烟垂壁应与烟感探测器联动。当烟感探测器报警后，挡烟垂壁能自动下降至挡烟工作位置。

②挡烟垂壁接收到消防控制中心的控制信号后，应能下降至挡烟工作位置。

③系统断电时，挡烟垂壁能自动下降至挡烟工作位置。

3.排烟阀

排烟阀是安装在排烟系统管道上，在一定时间内能满足耐火稳定性和耐火完整性要求，起隔烟阻火作用的阀门。其组成和形状与防火阀相似，不同的是，排烟阀平时关闭，发生火灾时，通过火警信号自动开启或人工开启进行排烟。当排烟管道内的温度达到或超过280℃时，排烟阀自动关闭阻止烟火扩散。排烟阀外形如图2-19所示。

图 2-19　排烟阀

排烟阀有以下特点：

（1）温控：温感器动作阀门自动关闭。

（2）电控：消防中心电信号（DC 24V）使电磁铁工作，阀门自动关闭。

（3）手动关闭、手动复位。

（4）关闭后输出一组有源触点信号和一组无源触点信号。

4.防火阀

防火阀（见图2-20）是安装在通风、空调系统的送回风管路上，平时处于开启状态，火灾时当管道内气体温度达到70℃时关闭，在一定时间内能满足耐火稳定性和耐火完整性要求，起隔烟阻火作用的阀门。

（1）防火阀施工安装要求

①防火阀可与通风机、排烟风机连锁。

②阀门的操作机构一侧应有不小于200mm的净空间以利检修。

③安装阀门前必须检查阀门的操作机构是否完好，动作是否灵活有效。

④防火阀应安装在紧靠墙或楼板的风管管段中，防火分区隔墙两侧的防火阀距墙表面

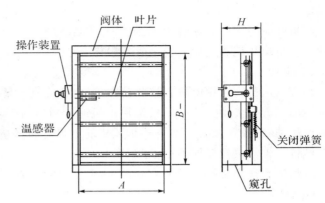

图 2-20 防火阀

不应大于 200mm,防火阀两侧各 2.0m 范围内的管道及其绝热材料应采用不燃材料。

⑤防火阀应单独设支吊架,以防止发生火灾时管道变形影响其性能。

⑥防火阀的熔断片应装在朝向火灾危险性较大的一侧。

(2)防火阀选用要点

①防火阀选用的主要控制参数为规格等。

②防火阀适用于通风空调系统,除公共建筑的厨房排油烟系统用防火阀,动作温度为 150℃外,一般通风空调系统用防火阀动作温度为 70℃。

③防火阀适用于通风、空调或排烟系统的管道上。

④选用阀门时应注意阀门的功能,如常开还是常闭、自动关闭开启、手动关闭开启、手动复位、讯号输出、远距离控制等要求。

⑤阀门若与风机联动的应选用带双微动开关装置。

⑥阀体叶片应为钢板,厚度为 2～6mm,阀体为不燃材料制作,转动部件应采用耐腐蚀的金属材料,并转动灵活。阀门的外壳厚度不得小于 2mm。易熔部件应符合消防部门的认可标准。

5.排烟风机

排烟风机是消防排烟的动力来源,外形如图 2-21 所示。对排烟风机的性能参数有如下要求。

图 2-21 排烟风机

（1）叶片

风机叶轮结构应采用高效率、高强度的结构形式。叶轮直径 630mm 以上（含 630mm）的轴流风机应采用高强度铝合金叶片。

（2）电机

轴流式风机应采用电机直接驱动方式，电机应直接暴露于气流中，柜式离心风机可采用皮带传动或直接传动方式。风机配用电机应为风冷、鼠笼式、全封闭湿热型的标准产品，采用全压启动，绝缘等级为 F 级。排烟风机的电机应满足整机在排除 280℃烟气 0.5h 过程中正常运行。轴承更换周期不小于 30000h。

电机的选择满足招标设备启动要求，全压启动电流应不大于满载电流的 7 倍。

（3）减振

设备在组装过程中，静平衡先于动平衡，其机壳振动速度不大于 1.8mm/s，供应方应提供与风机配套的减振器和紧固螺栓。

（4）风机机壳

机壳的制造精度应符合有关规范的规定，机壳内电机支座应有足够的强度与刚度，能承受运转产生的动负荷，其高度应保持电机轴心与机壳中心一致。轴流风机机壳应进行热镀锌处理，热镀锌层平均厚度应不低于 70μm。

（5）柜式离心风机

柜式离心风机采用电机外置皮带传动方式时，其传动部件应设置保护罩。

6.继电器

继电器是弱电控制强电的常用设备，在防排烟系统中，控制设备为总线上的设备，以 24V DC 为主。而排烟风机为 220VAC 强电设备。所以，经常要用到继电器。继电器的构造如图 2-22 所示。

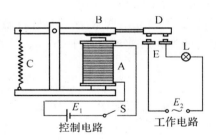

图 2-22　继电器工作原理

在图 2-22 中，A 是电磁铁，B 是衔铁，C 是弹簧，D 是动触点，E 是静触点。电磁继电器工作电路可分为低压控制电路和高压工作电路。控制电路是由电磁铁 A、衔铁 B、低压电源 E_1 和开关组成；工作电路是由小灯泡 L、电源 E_2 和相当于开关的静触点、动触点组成。连接好工作电路，在常态时，D、E 间未连通，工作电路断开。用手指将动触点压下，则 D、E 间因动触点与静触点接触而将工作电路接通，小灯泡 L 发光。闭合开关 S，衔铁被电磁铁吸下来，动触点同时与两个静触点接触，使 D、E 间连通。这时弹簧被拉长，观察到工作电路被接通，小灯泡 L 发光。断开开关 S，电磁铁失去磁性，对衔铁无吸引力。衔铁在弹簧的拉力作用下回到原来的位置，动触点与静触点分开，工作电路被切断，小灯泡 L 不发光。

7.接触器

接触器是强电控制强电的主要控制设备,作用相当于强电开关。接触器的工作原理是:当接触器线圈通电后,线圈电流会产生磁场,产生的磁场使静铁芯产生电磁吸力吸引动铁芯,并带动交流接触器点动作,常闭触点断开,常开触点闭合,两者是联动的。当线圈断电时,电磁吸力消失,衔铁在释放弹簧的作用下释放,使触点复原,常开触点断开,常闭触点闭合。直流接触器的工作原理跟温度开关的原理有点相似。接触器如图 2-23 所示。

图 2-23　接触器

(三)几种典型的防排烟系统

(1)通风与排烟系统分开设置。在通风、空调系统的送回风管路上设置防火阀,平时呈开启状态,当火灾一旦发生,管道内气体温度达到 70℃时即自行关闭。在排烟系统管道上或排烟风机的排风口处设置排烟阀,平时呈关闭状态,当火灾发生时,通过火灾报警信号手动或自动开启阀门,根据系统功能配合排烟,当管道内烟气温度达到 280℃时自动关闭。

(2)通风与排烟共用一套系统。在系统管道上或排风兼排烟风机的排风口处设置排烟阀,平时呈开启状态,排风兼排烟风机低速运行。一旦火灾发生时,排风兼排烟风机高速运行。

(3)通风与排烟共用一套风管,分别设置通风机和排烟风机,结构如图 2-24 所示。在系统管道上设置排烟阀,在系统管道末端设置"T"风管将通风机和排烟风机与系统风管连通。通风机的送风口处设置防火阀,平时呈开启状态,当火灾一旦发生,电动关闭,风机关闭;排烟风机的排风口处排烟阀,平时呈关闭状态,当火灾一旦发生,电动开启,风机启动。

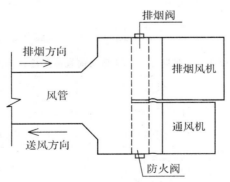

图 2-24　通风与排烟公用一套风管

(四)防排烟系统的设计规范和标准

(1)国家《高层民用建筑设计防火规范》明确一、二类高层建筑下列部位应设排烟设施:

①长度超过 20m 的内走道。

②面积超过 $100m^2$,且经常有人停留或"易燃物较多的房间"。

③高层建筑的中庭和经常有人停留或可燃物较多的地下室。

(2)下列部位应设置独立的机械加压送风的防烟设施:

①不具备自排烟条件的防烟楼梯间、消防电梯间前室或合用前室。

②采用自然排烟措施的防烟楼梯间,其不具备自然排烟条件的前室。

③封闭避难层(间)。

(3)自然排烟的开窗面积应符合下列规定:

①防烟楼梯间前室、消防电梯前室、可开启外窗面积不应少于 $2.00m^2$;合用前室不应少于 $3.00m^2$。

②靠外墙的防烟楼梯间每五层内可开启外窗总面积之和不应少于 $2.00m^2$。

③长度不超过 60m 的内走道可开启窗面积不应小于走道面积的 2%。

④净空高度小于 12m 的中庭可开启的天窗或高侧窗的面积不应小于该中庭地面积的 5%。

(4)下列部位可不设防烟设施:防烟楼梯间前室或合用前室,利用敞开的阳台、凹廊或前室内有不同朝向的可开启外窗自然排烟时可不设防烟设施。

(5)排烟窗设置位置:宜设置在上方,并应有方便开启的装置。

(6)机械加压送风和机械排烟的风速应符合下列要求:

①采用金属风道时,不应大于 20m/s。

②采用内表面光滑的混凝土等非金属材料风管时,不应大于 15m/s。

③送风口的风速不宜大于 7m/s;排烟口的风速不宜大于 10m/s。

(7)高层建筑防烟楼梯间及其前室、合用前室和消防电梯间的机械加压送风量应由计算确定,或按表 2-6 至表 2-8 的规定确定。

表 2-6 送风量计算

系统负担层数	加压送风量(m^3/h)
<20 层	25000~30000
20~32 层	35000~40000

表 2-7 防烟楼梯间及其合用前室的加压送风量

系统负担层数	送风部位	加压送风量(m^3/h)
<20 层	防烟楼梯间	16000~20000
<20 层	合用前室	12000~16000
20~32 层	防烟楼梯间	20000~25000
20~32 层	合用前室	18000~22000

表 2-8　防烟楼梯间采用自然排烟,前室或合用前室不具备自然排烟条件的送风量

系统负担层数	加压送风量(m³/h)
<20 层	22000~27000
20~32 层	28000~32000

上述按开启 2m×1.6m 的双扇门确定,当采用单扇门时,其风量可乘以 0.75 系数计算,当有两个或两个以上出入口时,其风量应乘以 1.50~1.75 系数计算。开启门时,通过门的风速不宜小于 0.70m/s。

(8)不同的建筑设置形式,按下列要求来计算设置:

①层数超过 32 层的高层建筑,其送风系统及送风量应分段设计。

②剪刀楼梯间可合用一个风道,其风量应按两个楼梯的间风量计算,送风口应分别设置。

③封闭避难层(间)的机械加压送风量应按避难层(间)净面积每平方米不少于 30m³/h 计算。

④机械加压送风的防烟楼梯间和合用前室,宜分别独立设置送风系统,当必须共用一个系统时,应在通向合用前室的风管上设置压差自动调节装置。

(9)机械加压送风机的全压,除计算最不利环管道压头损失外,尚应有余压,其余压应符合下列要求:

①防烟楼梯间为 50Pa。

②前室、合用前室、消防电梯间前室、封闭避难层(间)为 25Pa。

(10)送风口的设置要求:

①楼梯间宜每隔 2~3 层设一个加压送风口。

②前室的加压送风口应每层设一个。

(11)风机的选择要求。可采用轴流风机或中低压离心风机,风机应根据供电条件、风量分配均衡、新风入口不受火和烟威胁等因素确定设置位置。

(12)一、二类高层建筑的下列部位,应设置机械排烟设施:

①无直接自然通风,且长度超过 20m 的内走道或虽有直接通风,但长度超过 60m 的内走道。

②面积超过 100m²,且经常有人停留或可燃物较多的地上无窗房间或固定窗房间。

③不具备自然排烟条件或净空高度超过 12m 的中庭。

④除利用窗井等开窗进行自然排烟的房间外,各房间总面积超过 200m² 或一个房间面积超过 50m²,且经常有人停留或可燃物较多的地下室。

(13)排烟风机的风量应符合下列规定:

①担负一个防烟分区排烟或净空高度大于 6.0m 的不划防烟分区的房间时,应按每平方米面积不少于 60m³/h 计算(单台风机最小排烟量应不少于 7200m³/h)。

②担负两个或两个以上防烟分区排烟时,应按最大防烟分区面积每平方米不少于 120m³/h 计算。

③中庭体积少于 17000m² 时,其排烟量按其体积的 6 次/h 换气计算;中庭体积大于

17000m² 时,其排烟量按其体积的 4 次/h 换气计算;但最小排烟量不应小于 102000m³/h。

④带裙房的高层建筑防烟楼梯间及其前室、消防电梯间前室或合用前室,当裙房以上部位利用可开启外窗进行自然排烟,裙房部分不具备自然排烟条件时,其前室或合用前室应设置局部机械排烟设施,其排烟量按前室每平方米不少于 60m³/h 计算。

(14)机械排烟口设置位置:

①应设在栅顶上或靠近顶棚的墙体上。

②设在顶棚上的排烟口,距可燃构件或可燃物的距离不应少于 1.00m,排烟口平时关闭,并应设有手动和自动开启装置。

③防烟分区内的排烟口距最远点水平距离不应超过 30m。在排烟支管上应设有当烟气温度超过 280℃时能自行关闭的排烟防火阀。

④走道的机械排烟系统宜竖向设置;房间的机械排烟系统宜按分区设置。

⑤排烟风机可采用离心风机或排烟轴流风机,并应在其机房入口处设有当烟气温度达到 280℃时能自行关闭的排烟防火阀。排烟风机应保持在 280℃时能连续工作 30min。

⑥机械排烟系统中,当任一排烟口或排烟阀开启时,排烟风机应能自动启动。

⑦排烟管道必须采用不燃材料制作,安装在吊顶内的排烟管道,其隔热层采用不燃烧材料制作,并应与可燃烧物保持不少于 150mm 的距离。

⑧机械排烟系统与通风、空气调节系统宜分开设置,若合用时,必须采用可靠的防火安全措施,并应符合排烟系统要求。

⑨设置机械排烟的地下室,应同时设置送风系统,且送风量不应小于排烟量的 50%。

⑩排烟风机的全压应按排烟系统最不利环管道进行计算,其排烟量应增加漏风系数(设计数字建议增加 5%,管道越长,损失越大)。

(15)送风排风系统电气设备的防爆要求

①空气中含有易燃易爆物质房间,其送风排风系统应采用相应的防爆型通风设备。

②送风机设在单独隔开的通风机房内且在送风干管上设有止回阀时,可采用普通型通风设备,其空气不应循环使用。

(16)根据通风、空气调节系统的风管路设置防火阀的要求,下列部位必须设防火阀:

①管道穿越防火分区的隔墙处。

②穿越通风、空气调节机房及重要的或火灾危险性大的房间隔墙和楼板处。

③垂直风管与每层水平风管交接处的水平管段上。

④穿越变形缝处的两侧。

⑤防火阀的动作温度宜为 70℃。

⑥厨房、浴室、厕所等的垂直风管道,应采取防止回流的措施,在支管上设置防火阀。

⑦管道和设备的保温材料、消声材料和黏结剂应为不燃材料或难燃材料。

上述规范要求都是排烟系统的设计依据,也是消防排烟的验收依据,因为到目前为止,国家还没有制定实施防排烟系统的验收规范,只能参照设计规范标准要求和实际情况进行验收。

模块总结

1.本模块主要介绍了消防防排烟系统,介绍了烟雾的特征、组成成分及危害,常见防排烟系统的组成与结构形式,使学生对防排烟系统有了较为系统的了解。

2.对防排烟系统的主要设备功能进行了详细的讲解,介绍了防排烟系统的实际规范与要求,着重介绍了《高层民用建筑设计防火规范》中对防排烟系统的设计要求。

3.通过任务的形式,构建了消防防排烟系统,系统包括排烟风机、防火阀、排烟阀、感烟探测器等消防防排烟系统常见设备。以任务驱动的形式,让学生自主设计系统的接线图,并完成防排烟系统的安装调试,使学生对消防防排烟系统的功能、安装、设置和调试有了深入的认识。

模块三 消防电话广播系统设计与施工

教学目标

1.了解消防电话广播系统的工作原理及结构形式

2.了解消防电话广播系统的设计规范

3.掌握消防电话广播系统的总线制控制方式

4.掌握消防电话广播系统的安装与调试方式

教学导航

知识重点:1.消防电话广播系统的设计规范

2.消防电话广播系统的工作原理与结构形式

模块难点:1.总线制消防电话广播系统的构建

2.电话盘、CD录放盘的设置操作

3.消防主机关于消防电话广播系统的设置

教学方式:1.分小组查阅消防电话广播系统的相关知识并讨论

2.讲解理论知识

3.学生分组设计安装调试消防电话系统

4.学生分组设计安装调试消防广播系统

技能重点:1.产品选型以及说明书的查阅能力

2.消防电话系统的安装调试

3.消防广播系统的安装调试

背景资料

消防电话系统是消防通信的专用设备,当发生火灾报警时,它可以提供方便快捷的通信手段,是消防控制及其报警系统中不可缺少的通信设备,消防电话系统有专用的通信线路,在现场人员可以通过现场设置的固定电话和消防控制室进行通话,也可以用便携式电话插入插孔式手报或者电话插孔上面与控制室直接进行通话。

此系统模块由总线制消防电话模块组成;消防电话系统是用于消防控制中心与各建筑区域关键部位之间通信的电话系统,由消防电话总机、消防电话分机以及各传输介质组成,当发生紧急情况时可迅速通知控制中心及值班人员。

消防广播系统也叫应急广播系统,是火灾逃生疏散和灭火指挥的重要设备,在整个消防控制管理系统中起着极其重要的作用。在火灾发生时,应急广播信号通过音源设备发出,经过功率放大后,由广播切换模块切换到广播指定区域的音箱实现应急广播。一般的广播系统主要由主机端设备(音源设备、广播功率放大器、火灾报警控制器(联动型)等)以及现场设备(输出模块、音箱)构成。

项目一　消防电话系统设计与施工

一、任务目标

1. 掌握消防电话系统的工作原理
2. 掌握消防电话插孔、接口、分机、总机等设备的工作原理
3. 掌握消防电话系统的安装与调试

二、任务准备

模拟房间实训平台、导线若干、万用表、各种型号的螺丝刀、剥线钳、捆扎带、热缩管、电烙铁以及如表 3-1 所示的设备。

表 3-1　设　备

序　号	设　备	数　量
1	编码器	1
2	火灾报警控制器	1
3	总线隔离器 GST-LD-8313	1
4	消防电话接口 GST-LD-8304	2
5	消防电话插口 GST-LD-8312	1
6	消防电话分机 GST-TS-100A	1
7	消防电话分机 GST-TS-100B	1
8	消防电话总机 GST-TS-Z01A	1

(一)消防电话模块

GST-LD-8304 消防电话模块(以下简称模块),主要用于将消防电话分机连入总线制消防电话系统,可直接与总线制电话分机连接,也可通过 GST-LD-8312 消防电话插孔与电话分机连接。当消防电话分机的话筒被提起,该部电话即被消防电话模块自动向消防电话系统请求接入,系统接受请求后,由火灾报警控制器向该模块发出启动命令,连入总线制消防电话系统;也可利用火灾报警控制器直接启动模块,实现对固定分机的呼叫。模块可安装在水泵房、电梯机房等门口。GST-LD-8304 消防电话模块如图 3-1 所示。

模块内嵌微处理器,微处理器实现与火灾报警控制器通信、电源总线掉电检测、输入输出线路故障检测、输出控制、输入信号逻辑状态判断、状态指示灯控制。当消防电话分机的话筒被提起时,话筒上的开关产生一个开关量闭合信号,模块的输入端检测到这个闭合信号后,向消防电话系统请求接入,系统接受请求后,由火灾报警控制器向该模块发出启动命令,

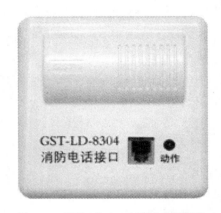

图 3-1　GST-LD-8304 消防电话模块

吸合输出继电器,将所连接的电话分机接入总线制消防电话系统,同时向火灾报警控制器传送动作信息;也可由火灾报警控制器直接向该模块发出启动命令,模块接收到启动命令后,吸合输出继电器,将所连接的电话分机接入总线制消防电话系统,被呼叫的电话分机开始振铃,从而实现对固定电话分机的呼叫。

GST-LD-8304 消防电话模块端子如图 3-2 所示。其中:

Z_1、Z_2:接火灾报警控制器两总线,无极性。

D_1、D_2:DC 24 V 电源,无极性。

TL_1、TL_2:与 GST-LD-8312 消防电话插孔连接的端子。

L_1、L_2:消防电话总线,无极性。

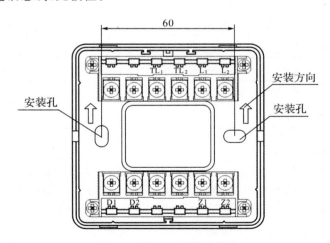

图 3-2　消防电话模块端子

(二)消防电话插口

GST-LD-8312 消防电话插座主要用于将消防电话分机连入总线制消防电话系统或多线制消防电话系统。消防电话插座电路部分和接线底壳采用插接方式,接触可靠、便于施工;多个电话插座可并联使用,接线方便、灵活。GST-LD-8312 消防电话插座如图 3-3 所示

（工程安装位置：结合 GST-LD-8304 消防电话专用模块使用，可安装在水泵房、电梯机房、楼道等门口），接线端子说明如下：

TL₁ TL₂：电话信号端。

图 3-3   GST-LD-8312 型消防电话插座

(三)总线制固定式消防电话分机

GST-TS-100A 总线制固定式消防电话分机是为消防专用而设计开发的总线制通信设备，通过它可迅速实现对火灾的人工确认，并可及时掌握火灾现场情况及进行其他必要的通信联络，便于指挥灭火及恢复工作。GST-TS-100A 总线制固定式消防电话分机如图 3-4 所示，接口说明如下：

分机接口与 GST-LD-8304 消防电话模块的电话接口连接。

图 3-4   GST-TS-100A 总线制固定式消防电话分机

(四)总线制手提式消防电话分机

GST-TS-100B 总线制手提式消防电话分机是为消防专用而设计开发的总线制通信设备，通过它可迅速实现对火灾的人工确认，并可及时掌握火灾现场情况及进行其他必要的通信联络，便于指挥灭火及恢复工作。电话分机采用专用电话芯片，工作可靠、通话声音清晰、使用方便灵活，直接插入电话插座呼叫电话主机即可。手提式消防电话分机如图 3-5 所示。（工程安装位置：配合 GST-LD-8304 电话模块使用，值班人员随身携带）

图 3-5　GST-TS-100B 总线制手提式消防电话分机

(五)消防电话总机

GST-TS-Z01A 总线制消防电话主机是为消防专用的总线制通信系统,通过它可迅速实现对火灾的人工确认,并可及时掌握火灾现场情况及进行其他必要的通讯联络,便于指挥灭火及恢复工作。完整的系统由设置在消防控制中心的 GST-TS-Z01A 总线制消防电话主机和火灾报警控制器、现场的 GST-LD-8304 总线制编码消防电话专用模块、GST-LD-8312 总线制消防电话插座(或 J-SAP-8402 手动报警按钮(含电话插座))及 GST-TS-100A 总线制电话分机构成,火灾报警控制器可选用 JB-QG-GST 5000 火灾报警控制器。消防电话总机如图 3-6 所示。

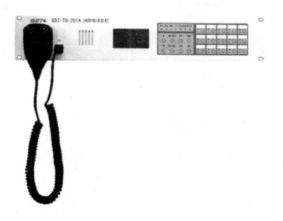

图 3-6　GST-TS-Z01A 型消防电话总机

(六)性能特点

GST-TS-Z01A 消防电话总机性能特点如下:

(1)每台总机可以连接最多 90 路消防电话分机或 2100 个消防电话插孔。

(2)总机采用液晶图形汉字显示,通过显示汉字菜单及汉字提示信息,非常直观地显示了各种功能操作及通话呼叫状态,使用非常便利。

（3）在总机前面板上设计有 15 路的呼叫操作键和状态指示灯,与现场电话分机形成一对一的按键操作和状态指示,使得呼叫通话操作非常直观方便。

（4）数码管显示月、日、时、分实时时间,采用 24 小时制。

（5）主机可通过火灾报警控制器呼叫固定分机。

（6）分机摘机即呼叫主机,这时,主机振铃直至主机摘机。

（7）通话开始时,请求录音灯闪烁提示录音,按"放音 1/录音"键后开始录音,并自动记下录音时的时间;录音最多可分两段,总录音时间长度为 200s。

（8）放音时自动显示所放录音段的录制时间,放音结束自动恢复显示实时时间。

（9）设有音频输出插孔,供外部保存录音使用。

（10）有总线输出过流保护,用蜂鸣器和发光管指示输出过流,并有消音功能。

（11）有自动抹音功能,录音段最长保存时间为 3 天,超过保存时间的录音段将被自动抹去以备下次录音。抹音期间,录音指示灯常亮。

（七）背面结构及接线端子

GST-TS-Z01A 消防电话总机背面结构及接线端子说明,如图 3-7 所示。

（1）电源开关:"开"使 DC 24V 电源接通,总机开始工作。

（2）RS485 端口:连接至主机控制器的 485 网卡 XS2 接口与主机进行通信。

（3）总线通话端子:连接至 GST-LD-8304 电话模块的 L_1、L_2 端。

（4）机壳地:连接至机架的地端。

（5）DC 24V 电源输入端子:接 DC 24V 输入,供主机工作。

（6）接呼叫操作盘:连接至外接的呼叫操作盘(可根据需要选择外接呼叫操作盘)。

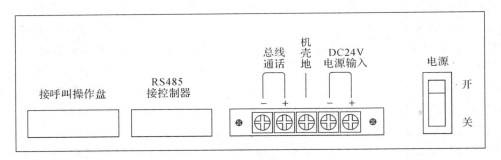

图 3-7　GST-TS-Z01A 消防电话总机背面结构

（八）使用及操作

1. 自检与消音

电话主机上电即开始自检,即依次点亮数码管的每一段和工作、请求录音、过流指示灯,并伴有短促的蜂鸣声。自检结束进入工作状态。正常工作(无故障)过程中,可以按"自检/消音"键进行自检,但在放音、通话、抹音过程中,按"自检/消音"键不自检以免产生干扰。出现输出短路或电流过大等故障时,过流指示灯点亮,同时蜂鸣器开始鸣叫,这时若按一下"自检/消音"键,则蜂鸣器消音,同时过流指示灯开始闪烁。

2. 故障清除

出现过流故障时,应及时排除。故障排除后,按一下"停止"键,清除过流指示灯的指示状态。

3. 时间设置

电话主机面板上有数码管显示时间:月、日、时(24 小时制)、分,若与当时时间不符,按一下"设置"键开始对时,表示月份的数字开始闪烁,以后每按一次"设置"键,闪烁位循环移动一位(即按"月→日→时→分→年→月……"的顺序)。按"放音 1/录音"键可使闪烁位加1,按"放音 2"键可使闪烁位减 1,按一下"停止"键对时结束。放音和通话时不能设置时间。

4. 通话和录音

一次通话既可由火灾报警控制器发起(称为主机呼叫分机),也可由分机发起(称为分机呼叫主机)。由火灾报警控制器发起通话的操作请参阅火灾报警控制器使用说明书。由分机发起通话的操作为:摘下固定分机或将分机插入直接连在电话总线上的 GST-LD-8312 电话插座。

主机呼叫分机时,分机振铃直至分机摘机;分机呼叫主机时,主机振铃直至主机摘机。按一下主机送话器上的按钮即被认为主机摘机。主、分机一通话,"请求/录音"指示灯就开始闪烁提示录音,若需要录音,可按一下"放音 1/录音"键,"请求/录音"指示灯变为常亮,表明正在录音。要结束通话,可按一下"停止"键。若不按"停止"键,最多超过 40s,即送话器上的按钮持续 40s 未被按下(通话期间请注意这一点),主机会自动产生停止动作。

通话的优先级高于放音,即在放音期间,若有通话任务,主机会自动停止放音而去进行通话处理。

5. 放音

如果要回放录音段,可按"放音 1/录音"、"放音 2"键分别回放第一段和第二段录音。如果没有录音段时按了放音键,或只有一段录音却按了"放音 2"键,主机会发出一声短促的蜂鸣。放音期间,数码管显示所放录音段的录制时间,放音结束自动恢复实时时间的显示。

6. 外部保存录音

如果想将录音内容保存在外部存贮媒体上,可在放音时从扬声器采集声音信号,或从主机后部的音频输出孔采集音频电信号。与音频输出孔配接的插头为 φ6 单声道插头。因为电话主机有自动抹音功能,录音段最多保存 3 天,超过保存时间的录音段将被自动抹去,因此对于重要的录音信息要及时保存在外部存贮媒体上。当然,主机在录音时,也可同时从音频输出孔将通话内容录制在外部存贮媒体上。

三、任务实施

(一)任务预习阶段

(1)学习消防电话系统的工作原理。

(2)收集各消防电话系统需要设备的说明书,并详细分析工作原理和性能参数。

(3)学习"知识链接"相关内容。

(4)完成如表 3-2 和表 3-3 所示的预习内容。

表 3-2　一般了解——消防电话系统一般知识填写(40 分)

预习内容		将合理的答案填入相应栏目	分值	得分
消防电话系统	消防电话的特点		10 分	
	消防电话的通信对象		10 分	
	消防电话的安装位置		10 分	
	消防电话通信原理		10 分	

表 3-3　核心理解——消防电话系统核心知识填写(60 分)

预习内容		将合理的答案填入相应栏目	分值	得分
消防电话设备	GST-LD-8304 的接线端子		10 分	
	GST-LD-8312 的接线端子		10 分	
消防电话系统原理	消防电话和电话主机接线方式		10 分	
	消防电话和火灾报警控制器的接线方式		10 分	
	电话音频信号的特征		10 分	
	RS485 控制器的作用		10 分	

(二)任务执行阶段

1.绘制原理图

学生分组绘制如图 3-8 所示的消防电话系统的接线图,要求用 AutoCAD 绘制,绘图要求规范;各接线端子的工作原理,自行查阅资料了解。

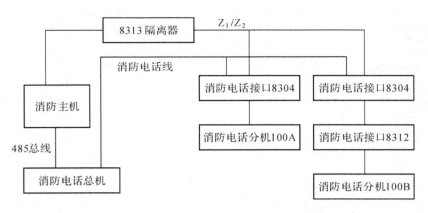

图 3-8　消防电话系统

2. 安装接线

设备安装要求：设备位置合理、安装方法正确、设备安装牢固。

接线要求：消防总线采用护套双绞线、24V 及 12V 电源采用红色和黑色导线，其中红色为正，要求能明显区分回路。接线要求平直整洁、接头无分叉，走线尽量短、垂直，每个设备的走线，都必须是从最近距离的线槽走，并从网孔板的内侧走线。

3. 编码、注册及定义

对设备按表 3-4 所示的参数进行编码、注册及定义。

表 3-4　设备编程参数

设备	编码值	设备类型	手动盘键值	二次码	状态
8304-1	31	查表	3	本层楼第 31 个设备	电平启
8304-2	32		4	本层楼第 32 个设备	电平启

注：假设设备安装在第 1 号楼区第 15 层。

4. 消防电话定义（广播电话盘定义）

8034-1 和电话总机第 1 路电话对应。

8034-2 和电话总机第 2 路电话对应。

5. 消防电话总机操作

（1）开机

打开位于机箱背面的"电源"开关，开机后面板的"工作"指示灯常亮，显示屏显示开机画面。

本电话总机是通过 RS485 总线与主机控制器进行信息传输的，开机后显示屏会显示时间信息。若与主机控制器之间通信正常，那么显示屏的年月日时分就和控制器的显示一致；若联机不正常，那么显示屏的年月日时分的显示就一直保持开机时的显示状态，只有秒点会正常显示。

开机后若 30s 内无任何按键动作，设备会自动进入省电模式，此时屏幕背光灯关闭。这时按任意键即可激活显示屏显示，如需要进入菜单操作则按"确认/放音"键，输入操作密码。

（2）密码种类

本系统中共设有两级密码,第一级密码是"操作密码",第二级密码是"录音删除密码",两种密码都是由 0～9 数字组成。设备出厂设置的操作密码:"11111",录音删除密码:"22222"

操作密码:可以进行删除录音功能以外的其他全部操作。

录音删除密码:可以进行系统的所有操作,也就是说,只要有键入密码的步骤,录音删除密码都可以顺利进入操作。

（3）主菜单操作

键入密码进入主菜单后显示屏显示"自检"、"查询"、"设置"、"放音"的界面,此时按"▲"键或"▼"键在菜单上选择相应的操作后按下"确认/放音"键即可进入。

自检:显示屏连续闪动两下之后显示屏上显示"检测指示灯",操作区域内的所有指示灯闪亮三下,之后再显示"检测呼叫声",扬声器发出呼叫声。检测完毕后自动返回主菜单界面。

查询:在"记录查询"里面可以查询到总机与分机的通信记录,屏幕显示的"序号"表示的是当前记录在总记录中的排列顺序号;"分机"表示的是记录所发生的分机号;"呼入"表示的是事件类型(呼入,呼出);"时间"表示事件发生的日期和时间。进入操作界面后若想播放某一记录的录音,按下"确认/放音"键即可播放录音;按下"退出/停止"键即退出返回主菜单。(本设备最多可存储 500 条记录,满后新记录会循环覆盖最早的记录);在"软件版本"中可查询到当前系统的版本信息。

（4）设置

修改密码:主界面下选中"设置",按下"确认/放音"键进入设置状态,有三项功能设置:修改密码、设本机地址、设置呼叫盘。

修改操作密码和录音删除密码:选择修改密码界面,按下"确认/放音"键进入该项的设置,修改密码时首先输入原密码,再输入新密码,最后再输入一次新密码进行确认,只有三遍输入正确后,新密码才生效。

设置本机地址:界面下选中"设本机地址",按下"确认/放音"键进入本机地址设置状态,此时显示本机当前地址,地址码会闪动显示,此状态下可按"▲"键或"▼"键进行对地址设置,然后按下"确认/放音"键则地址码停止闪动表示设置成功。

设置呼叫盘:界面下选中"设置呼叫盘",按下"确认/放音"键进入呼叫盘设置状态,此时显示当前的数量,若显示是"0"那说明本机没有连接的呼叫盘,此状态下可按"▲"键或"▼"键改变呼叫盘的总数,然后按下"确认/放音"键保存设置。

（5）放音

界面下选中"放音",再按下"确认/放音"键进入放音菜单,屏幕显示两项选项:"录音回放"、"录音删除"。

录音回放:选中"录音回放"按下"确认/放音"键进入录音回放状态的界面,屏幕显示的"页、段"表示的是录音的排序编号,每页可录音 35min,最多可录 999 段,最多可以录 12 页;"分机"表示的是本次录音通话的分机号;"♯""♯♯"表示的是该段通话的时长或剩余时长;"录音时间"表示该录音开始通话时的时间。如需播放录音,按下"确认/放音"键即可放音。

删除录音:选中"删除录音"按下"确认/放音"键进入删除录音状态,此时屏幕显示的"总剩量"表示的是在整个录音存储区中,现在还剩余的总的录音时长;"当前区"表示的是即将录音存储的区;"可删区"表示的是可以删除的区。

1—4区的存储情况显示:没区的存储情况有三种(满、空、余××%);用户只要一看见该画面就对整个录音存储情况清楚了。

录音存储不足操作:删除录音就是删除已录音的存储区,当总机发出"录音存储不足"警告后,就要通过人工操作删除原有的录音。在"删除录音"界面时按下"确认/放音"键就进入录音删除操作,如果有可删区系统要求输入密码,此处输入"删除录音密码"。系统又会提示"真的删除吗?"按"确认"执行、按"退出"放弃。这时按"确认/放音"键后,删除操作就执行了。

(6)呼叫通话操作

总机或分机任何一方呼叫,或总机和总机通话,总机都将进入呼叫通话状态,屏幕显示三种状态的分机:"通话"、"呼入"、"呼出"。如图3-9所示。

```
┌─────────────────────────────┐
│  通 话:03      总:1/1      │
│                             │
│  呼 入:01      总:1/3      │
│                             │
│  呼 出:06      总:1/1      │
└─────────────────────────────┘
```

图 3-9　呼入呼出数据显示

图3-9内数据说明:
共有1条通话信息,当前显示为第1条,分机号为3。
共有3条呼入信息,当前显示为第1条,分机号为1。
共有1条呼出信息,当前显示为第1条,分机号为1。

(7)通话操作

呼出:摘下总机上的话柄,总机显示"输入密码",输入正确密码后,屏幕显示"已准备好请呼叫",此时按下1~15号键中对应的分机按键,则屏幕显示通话呼叫的界面,扬声器发出回铃音,对应的分机按键灯慢闪,表明呼叫成功。此设备可以同时呼叫15路分机。

呼入:分机摘机,这时总机会发出振铃音,屏幕显示通话界面,呼叫指示灯和该路指示灯均快闪,若要应答分机,按下与该路分机对应的按键或按下"连通"键即可接通分机,若只有一路分机呼入那么直接摘机也可应答呼入分机。

拒绝呼入:若拒绝分机的呼叫,按下"挂断"键即可。

6. 消防电话呼叫操作

固定式电话100A和手提式电话100B的通话操作,消防电话总机呼叫消防电话(呼出),以及消防电话呼叫消防电话总机(呼入)。

7.注意事项

(1)注意电话呼入呼出的操作。

(2)消防电话主机操作要符合规范。

四、任务评价总结

(一)任务评价

1.按表3-5对学生的任务执行情况进行评分。

表3-5 任务考核

序号	考核内容		分值	评分标准		得分
1	绘制接线图	设备之间的接线图绘制	10分	接线图绘制错误每处扣2分		
2	器件安装	1.按图装接器件 2.器件安装后无松动	10分	1.未按图装接扣5分 2.导线接错每处扣2分 3.发现器件安装后有松动每处扣2分		
3	功能要求	设备配置及功能完成情况	40分	10分	设备编码注册定义,错一处扣2分	
				10分	电话主机的注册定义,错一处扣2分	
				10分	固定式电话呼叫消防主机,不成功扣10分	
				10分	便携式电话呼叫消防主机,不成功扣10分	
4	课题完成效率	快速正确地完成课题任务	10分	最先完成组得10分,其余酌情扣分		
5	技能掌握情况	1.由教师进行相关提问 2.现场观察实训认真程度	20分	能正确回答教师提问的,得分,否则酌情减分	成员　　得分	
6	安全意识	1.现场操作安全保护应符合安全操作规程 2.工具摆放、导线线头的处理等规范,保持工位的整洁 3.遵守实训室规章,尊重教师,爱惜实训室设备和器材,节约耗材	10分	1.工具摆放、导线线头处理等不符合规范扣5分 2.不遵守实训室规章,设备和器材损坏,耗材出现浪费每处扣5分		

(二)总结交流

学生以报告和 PPT 的形式进行任务总结,并交流讨论。

(三)思考练习

(1)消防电话系统和普通家用电话系统设计有哪些区别?

(2)手提式消防电话的使用场合是哪些?

(3)在什么场合需要安装消防电话?

(4)要使消防电话正常工作,消防主机要进行哪些配置工作?

五、知识链接

(一)消防电话系统构成

1.多线制消防电话系统

消防控制室专用对讲通信电话设备与各固定对讲电话分机和对讲电话插孔为多线连接,一般与固定对讲电话一对一连接(即每部占用电话主机的一路),与对讲电话插孔每个防火分区一对一并联连接。多线制消防电话系统图 3-10 所示。

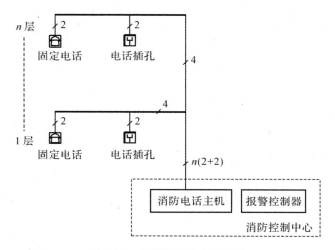

图 3-10　多线制消防电话系统

2.总线制消防电话系统

消防控制室专用对讲通信电话设备与各固定对讲电话及对讲电话插孔为总线连接,通过专用控制模块控制,每个固定对讲电话分机均有固定的地址编码,对讲电话插孔可分区编码。总线制消防电话系统如图 3-11 所示。

3.工程应用设计及施工要求

总线制消防电话系统中所用的 GSF-LD-8304 总线制编码消防电话专用模块是一种编码模块,直接与火灾报警控制器总线连接,并需要接上 DC 24 V 电源总线。另外,为实现电话语音信号的传送,还需要接入消防电话总线。GST-LD-8304 总线制编码消防电话专用模块上有一个电话插孔,可直接插入总线制电话分机,构成固定式电话分机。GST-LD-8312电话插座和 J-SAP-8402 手动报警按钮(含电话插孔),可直接与消防电话总线连接构成非编

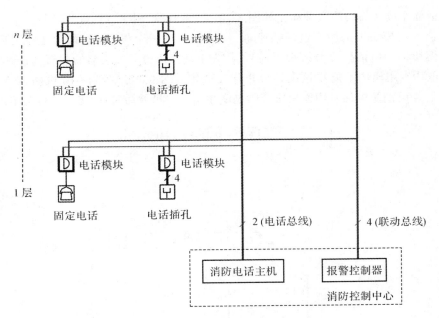

图 3-11　总线制消防电话系统

码电话插座,也可与 GST-LD-8304 总线制编码消防电话专用模块连接共用一个编码。

在工程应用设计时,只要记住 GST-LD-8304 总线制编码消防电话专用模块和 GST-LD-8312 电话插座(或 J-SAP-8402 手动报警按钮)各自的特点并灵活运用就可满足大多数应用要求。下面为三种较典型的应用:

(1)现场全部为固定式电话分机

在这种系统中,每一部分机均需配置一个 GST-LD-8304 总线制编码消防电话专用模块,每一部电话分机均有一个固定的地址编码。系统连接如图 3-12 所示。

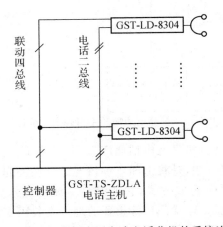

图 3-12　现场全部为固定式电话分机的系统连接

(2)现场全部为电话插座

在这种系统中没有固定式电话分机,既可对电话插座进行分区编码,也可全部电话插座不编码。电话插座分区编码的系统连接如图 3-13 所示,并联在同一个 GST-LD-8304 总线制编码消防电话专用模块上的所有电话插座为一个区,共用一个编码(下面将这种用途的 GST-LD-8304 模块称为电话插座分区编码器)。用作电话插座分区编码器的 GST-LD-8304 总线制编码消防电话专用模块不能再接电话分机作为固定式分机,否则,当有分机插入该 GST-LD-8304 总线制编码消防电话专用模块所带的电话插座与主机通话时,固定式分机会不停振铃。

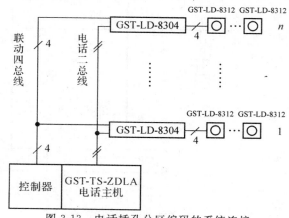

图 3-13　电话插孔分区编码的系统连接

可将电话插孔直接并联在消防电话主机的两条电话线上,构成非编码电话插孔。全部电话插孔不编码的系统连接如图 3-14 所示。

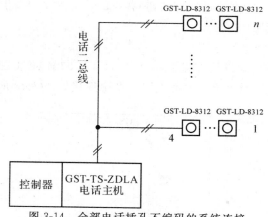

图 3-14　全部电话插孔不编码的系统连接

(3)现场既有固定式电话分机又有电话插座

这是一种混合式的连接方法,是将上面三种情况综合在一起得到的一种系统组成方式。这是在实际中用得最多的系统构成方式,它能满足一座大建筑物内不同处所的不同要求。如在电梯机房、水泵房、配电房、电梯门口等重要的地方安装固定式分机,而在每一楼层再安装一个或多个 GST-LD-8304 总线制编码消防电话专用模块作为电话插座分区编码器,在走廊墙壁上隔一定距离安装一只 GST-LD-8312 电话插座或 J-SAP-8402 手动报警按钮,并将这些 GST-LD-8312 电话插座或 J-SAP-8402 手动报警按钮分组并联在该楼层的电话插座分区编码器上。有固定电话分机和电话插孔的系统连接如图 3-15 所示。

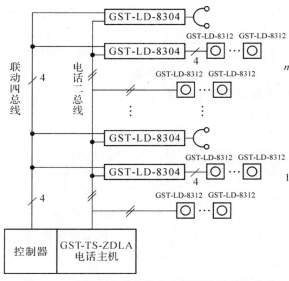

图 3-15　有固定电话分机和电话插孔的系统连接

（4）施工布线要求

电源总线 D_1、D_2 采用 BV 线，截面积 $\geqslant 2.5 \mathrm{mm}^2$，信号总线 Z_1、Z_2 采用 RVS 双绞线，截面积 $\geqslant 1.0 \mathrm{mm}^2$。电话总线 L_1、L_2（或 TL_1、TL_2）采用 RVVP 屏蔽线，截面积 $\geqslant 1.0 \mathrm{mm}^2$，报警请求线 AL、G 采用 BV 线，截面积 $\geqslant 1.0 \mathrm{mm}^2$。

（二）消防电话通信原理

呼入：当消防电话分机的话筒被提起时，话筒上的开关产生一个开关量闭合信号，模块的输入端检测到这个闭合信号后，向消防电话系统请求接入，系统接受请求后，由火灾报警控制器向该模块发出启动命令，吸合输出继电器，将所连接的电话分机接入总线制消防电话系统，同时向火灾报警控制器传送动作信息。

呼出：可由火灾报警控制器直接向该模块发出启动命令，模块接收到启动命令后，吸合输出继电器，将所连接的电话分机接入总线制消防电话系统，被呼叫的电话分机开始振铃，从而实现对固定电话分机的呼叫。

（三）消防电话设计规范及调试

消防电话系统是消防通信的专用设备，当发生火灾报警时，它可以提供方便快捷的通信手段，是消防控制及其报警系统中不可缺少的通信设备。消防电话系统有专用的通信线路，在现场人员可以通过现场设置的固定电话和消防控制室进行通话，也可以用便携式电话插入插孔式手报或者电话插孔与控制室直接进行通话。

1.《火灾自动报警系统设计规范》中消防电话的设计要求

（1）消防专用电话网络应为独立的消防通信系统。

（2）消防控制室应设置消防专用电话总机，且宜选择共电式电话总机或对讲通信电话设备。

（3）设有手动火灾报警按钮、消火栓按钮等处宜设置电话塞孔。电话塞孔在墙上安装时，其底边距地面高度宜为 1.3～1.5m。

（4）特级保护对象的各避难层应每隔 20m 设置一个消防专用电话分机或电话塞孔。

（5）消防控制室、消防值班室或企业消防站等处，应设置可直接报警的外线电话。

下列部位应设置消防专用电话分机：

（1）消防水泵房、备用发电机房、配变电室、主要通风和空调机房、排烟机房、消防电梯机房及其他与消防联动控制有关的且经常有人值班的机房。

（2）灭火控制系统操作装置处或控制室。

（3）企业消防站、消防值班室、总调度室。

2.消防电话调试

（1）在消防控制室与所有消防电话、电话插孔之间互相呼叫与通话，总机应能显示每部分机或电话插孔的位置，呼叫铃声和通话语音应清晰。

检查数量：全数检查。

检验方法：观察检查。

（2）消防控制室的外线电话与另外一部外线电话模拟报警电话通话，语音应清晰。

检查数量：全数检查。

检验方法：观察检查。

（3）检查群呼、录音等功能，各项功能均应符合要求。

检查数量：全数检查。

检验方法：观察检查。

项目二　消防广播系统设计与施工

一、任务目标

（1）掌握消防广播系统的工作原理

（2）掌握消防广播模块8305、GST-CD录放盘、功率放大器的工作原理

（3）掌握消防广播系统的安装与调试

二、任务准备

模拟房间实训平台、导线若干、万用表、各种型号的螺丝刀、剥线钳、捆扎带、热缩管、电烙铁以及如表3-6所示的设备。

表3-6　设　备

序　号	设　备	数　量
1	编码器	1
2	火灾报警控制器	1
3	GST-CD录放盘	1
4	广播功率放大器	1
5	广播接口模块8305	1
6	终端音响	1
7	隔离器8313	1

（一）GST-CD 录放盘

GST-CD 录放盘（见图 3-16）是应急广播系统配套产品，符合《GB 16806—2006 消防联动控制系统》国家标准。它与定压输出的广播功率放大器、音箱、广播控制设备组成应急广播系统。设备由电源、CD 放音机芯、电子语音、监听放大、逻辑控制等电路组成。

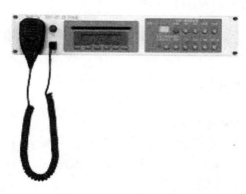

图 3-16　GST-CD 录放盘

录放盘按键操作说明：

（1）音量调节按钮：监听音量的大小，顺逆时针调节。

（2）话筒接口：随机配用专用接口。

（3）CD 机模块操作：放音—▶；停止—■；快退—◀◀；快进—▶▶；重复—⟳；出仓—▲。

（4）LED 数码管显示：在电子录音机录音的状态下，显示当前录制语音的段数；在电子录音机放音检索时，可以利用快进快退键来改变数值，选择所需播放的语音段；在对应急广播的内容录制时则显示录制的剩余时间。

（5）录音 B 键：电子录音机手动录音键，能够实现 CD、外线、话筒音源的手动录音。

（6）快退、快进键：在电子录音机放音检索时可通过此按键来准备播放的语音段。

（7）放音 B 键：在录音机停止的状态下，使用放音 B 键可以对电子录音机录制的内容进行播放。

（8）停止 B 键：在录音机放音的状态下，按下停止 B 键可停止当前的放音。

（9）录音 A 键：录制应急广播的播放内容。

（10）停止 A/自检键：在进行应急广播的录制及放音时按下该键可结束当前的录制或播音。在应急广播内容录制处于静止状态下，长按此键 3 秒以上，本机及其他广播设备都将进入自检状态。

（11）放音 A：在应急广播播音方式下，使用该按键将停止播音内容返回放音状态。

（12）CD 按键：在本机待机或播音状态下，按下该键改变本机的播音方式为 CD 信号输出。

（13）外线：在本机待机或播音的状态下，按下该键，改变本机的播音输出方式为外线信号输出（如外接收音机、MP3 等设备）。

（14）在本机待机或播音的状态下，按下该键，改变本机的播音输出方式为话筒信号输出。

(15)应急广播:在本机待机或播音状态下,改变本机的播音输出方式为应急广播语音提示信号输出,同时启动应急广播的 C 线(C 线:联动控制线,用于启动广播系统中的其他播音设备,如本系统中的广播功率放大器)。

(16)手持话筒按键:无论在任何一种播音方式下,只要按下话筒按键,都将进入话筒播音方式,并启动应急广播的 C 线联动其他播音设备。

(二)广播功率放大器

功率放大器是应急广播系统配套的产品,它与相应的广播音源设备(如广播录放盘、CD 录放盘)和广播终端设备(如广播区域控制盘、广播音箱)配合,实现消防现场的应急广播功能。(工程安装位置:安置于机房内)

接线端子说明:

(1)LJ:主交流 220V 电源输入端口。

(2)遥控:接收其他设备的联动控制信号,为直流 24V 输入,接入 DC 24V 自动启动本机至工作状态,同时音频的输出不受面板的音量控制器控制。

(3)定压输出:功率放大器的音频信号输出端。

(三)消防广播模块 8305

GST-LD-8305 输出模块(见图 3-17),用于总线制消防广播系统中正常广播和消防广播间的切换。模块在切换到消防广播后自回答,并将切换信息传回火灾报警控制器,以表明切换成功。

图 3-17　GST-LD-8305 输出模块

1. 工作原理

模块内嵌微处理器,微处理器实现与火灾报警控制器通信、电源总线掉电检测、输入输出线路故障检测、输出控制、输入信号逻辑状态判断、状态指示灯控制。模块接收到火灾报警控制器的启动命令后,吸合继电器,现场音箱从正常广播切换到消防广播,并点亮指示灯,同时将回答信号信息传到火灾报警控制器,表明切换成功。

2. 接线说明

GST-LD-8305 输出模块接线说明如图 3-18 所示。

D_1、D_2:DC 24V 电源,无极性。

Z_1、Z_2:信号总线输入端,无极性。

ZC_1、ZC_2:正常广播线输入端子。

XF_1、XF_2:消防广播线输入端子。

SP_1、SP_2:与广播音箱连接的输出端子。

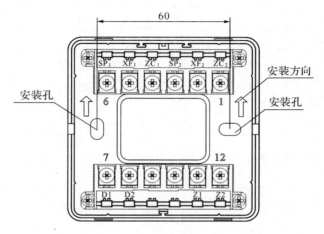

图 3-18　GST-LD-8305 输出模块接线

(四)终端音箱

消防广播系统的输出设备,用于日常广播与消防广播的现场播音,起到信息传递的作用。如图 3-19 所示为音箱扬声器两极。

图 3-19　音箱接线

消防广播系统接线如图 3-20 所示。

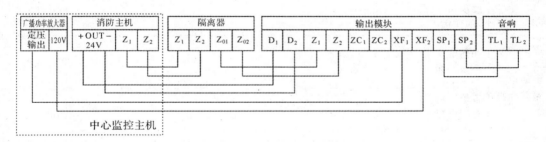

图 3-20　消防广播接线

三、任务实施

(一)任务预习阶段

(1)学习消防广播系统的工作原理。

(2)收集消防广播系统需要设备的说明书,并详细分析工作原理和性能参数。

(3)学习"知识链接"相关内容。

（4）完成如表 3-7 和表 3-8 所示的预习内容。

表 3-7　一般了解——消防广播系统一般知识填写（40 分）

预习内容		将合理的答案填入相应栏目	分值	得分
消防电话系统	应急广播扬声器设置距离		10 分	
	消防广播的功率要求		10 分	
	消防广播的播放要求		10 分	
	消防广播通信原理		10 分	

表 3-8　核心理解——消防广播系统核心知识填写（60 分）

预习内容		将合理的答案填入相应栏目	分值	得分
消防广播设备	功放的作用		10 分	
	GST-CD 录放盘有哪些音频输入方式可选		10 分	
消防电话系统原理	手动盘在此项目中的作用		10 分	
	如何定义消防广播		10 分	
	音箱所接终端电阻作用		10 分	
	广播输入功率与电压		10 分	

（二）任务执行阶段

1. 绘制原理图

学生分组绘制如图 3-21 所示的消防广播系统的接线图，要求用 AUTOCAD 绘制，绘图要求规范；各接线端子的工作原理，自行查阅资料了解。

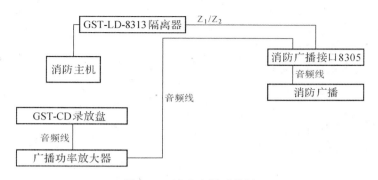

图 3-21　消防广播系统图

2.系统接线

设备安装要求:设备位置合理、安装方法正确、设备安装牢固;感温探测器等吸顶设备要安装在实训模拟房间的顶部。

接线要求:消防总线采用白色护套双绞线(Z1/Z2 总线)、24V 及 12V 电源采用红色和黑色导线,其中红色为正,要求能明显区分回路。接线要求平直整洁、接头无分叉、走线尽量短。

3.编码注册及定义

对设备按表 3-9 的参数进行编码、注册及定义。

表 3-9　设备编码参数

设备	编码值	设备类型	手动盘键值	二次码	状态
GST-LD-8305	41	查表	5	本层楼第 41 个设备	电平启

注:假设设备安装在第 1 号楼区第 15 层。

4.手动盘控制

当手动盘按下时,能够将功率放大器的声音发布到消防广播音箱上。

5.GST-CD 录放盘使用

用 CD/话筒/应急广播播放消防语音警报。

录制一段应急广播语音提示(录音 A),并播放。

录制一段应急广播录音(录音 B),并播放。播放的时候 GST-CD 录放盘的音频输出要改接到电子录音输出。

6.注意事项

(1)注意消防广播为 120V 强电,注意用电安全。

(2)消防主机操作时,功率放大器会出现过载现象,注意功率调节。

四、任务评价总结

(一)任务评价

按表 3-10 对学生的任务执行情况进行评分。

表 3-10 任务考核表

序号		考核内容	分值	评分标准			得分
1	绘制接线图	设备之间的接线图绘制	10 分	接线图绘制错误每处扣 2 分			
2	器件安装	1.按图装接器件 2.器件安装后无松动	10 分	1.未按图装接扣 5 分 2.导线接错每处扣 2 分 3.发现器件安装后有松动每处扣 2 分			
3	功能要求	设备配置及功能完成情况	40 分	5 分	设备编码注册定义,错一处扣 2 分		
				5 分	手动盘控制消防广播,错扣 5 分		
				10 分	应急广播语音提示(录音 A),错扣 10 分		
				10 分	应急广播语音提示(录音 B),错扣 10 分		
				10 分	是否采用规范用语,并有中英文,酌情扣分		
4	广播录制效果		10 分	要求语速适中,口齿清晰,酌情扣分			
5	技能掌握情况	1.由教师进行相关提问 2.现场观察实训认真程度	20 分	能正确回答教师提问的,得分,否则酌情减分	成员	得分	
6	安全意识	1.现场操作安全保护应符合安全操作规程 2.工具摆放、导线线头处理等规范,保持工位的整洁 3.遵守实训室规章,尊重教师,爱惜实训室设备和器材,节约耗材	10 分	1.工具摆放、导线线头处理等不符合规范扣 5 分 2.不遵守实训室规章,设备和器材损坏,耗材出现浪费每处扣 5 分			

(二)总结交流

学生以报告和 PPT 的形式总结任务,并交流消防广播系统。

(三)思考练习

(1)消防广播声强及功率的设计要求有哪些?

(2)在什么场合下需要安装消防广播?

(3)GST-CD 录放盘 A 录音和 B 录音的区别有哪些？

(4)消防广播布线时,对导线有哪些要求？

五、知识链接

(一)消防广播系统的组成和控制方式

1.消防广播系统的组成

消防广播系统分为多线制和总线制两种。一般由音源(如录放机卡座、CD 机等)、播音话筒、功率放大器、音箱(分壁挂和吸顶两种)、多线制广播分配盘(多线制专用)、广播模块(总线制专用)等组成。

(1)多线制消防广播系统

对外输出的广播线路按广播分区来设计,每一广播分区有两根独立的广播线路与现场放音设备连接,各广播分区的切换控制由消防控制中心专用的多线制消防广播分配盘来完成。多线制消防广播系统中心的核心设备为多线制广播分配盘,通过此切换盘,可完成手动对各广播分区进行正常或消防广播的切换。但是,因为多线制消防广播系统的 N 个防火(或广播)分区,需敷设 $2N$ 条广播线路,施工难度大、工程造价高,实际应用中很少使用。多线制消防广播系统如图 3-22 所示。

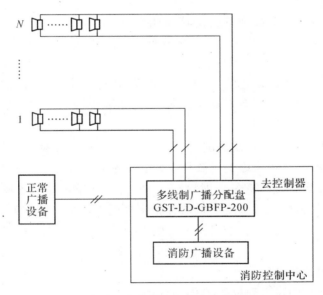

图 3-22 多线制火灾应急广播系统

(2)总线制消防广播系统

总线制消防广播系统主要由总线制广播主机、功率放大器、广播模块、扬声器组成,使用和设计灵活,与正常广播配合协调,成本相对较低,应用广泛。总线制消防广播系统如图3-23所示。

2.消防广播系统控制

(1)2 层及 2 层以上的楼层发生火灾,可先接通火灾层及其相邻的上、下两层。

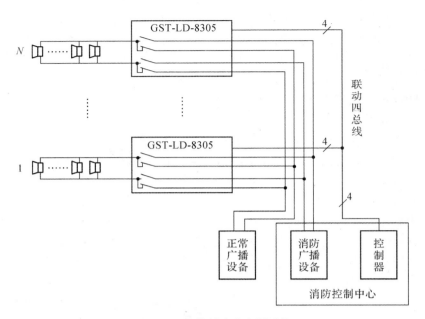

图 3-23　总线制消防广播系统

(2)首层发生火灾。可先接通首层、2 层及地下各层。

(3)地下室发生火灾,可先接通地下各层及首层,若首层与 2 层有跳空的共享空间时,也应包括 2 层。

(4)含多个防火分区的单层建筑,应先接通着火的防火分区及其相邻的防火分区。

(5)广播分路盘每路功率是有定量的,一般一路可接 8~10 个 3W 扬声器。分路配制应以报警区划分,以便于联动控制。

(二)消防应急广播设计规范及调试

消防应急广播系统,是火灾逃生疏散和灭火指挥的重要设备,在整个消防控制管理系统中起着极其重要的作用。在火灾发生时,应急广播信号通过音源设备发出,经过功率放大后,由广播切换模块切换到广播指定区域的音箱实现应急广播。一般的广播系统主要由主机端设备(音源设备、广播功率放大器、火灾报警控制器(联动型)等)以及现场设备(输出模块、音箱构成)。

1.消防应急广播设计规范

应急广播设计应该满足下列规范(GB 50116):

应急广播系统的联动控制信号应由消防联动控制器发出。当确认火灾后,应急广播系统首先向全楼或建筑(高、中、低)分区的火灾区域发出火灾警报,然后向着火层和相邻层进行应急广播,再依次向其他非火灾区域广播;3min 内应能完成对全楼的应急广播。

火灾应急广播的单次语音播放时间宜在 10~30s,并应与火灾声警报器分时交替工作,可连续广播两次。

消防控制室应显示处于应急广播状态的广播分区和预设广播信息。

消防控制室应手动或按照预设控制逻辑自动控制选择广播分区,启动或停止应急广播系统,并在传声器进行应急广播时,自动对广播内容进行录音。

控制中心报警系统应设置火灾应急广播,集中报警系统宜设置火灾应急广播。

火灾应急广播扬声器的设置,应符合下列要求:

(1)民用建筑内扬声器应设置在走道和大厅等公共场所。每个扬声器的额定功率不应小于 3W,其数量应能保证从一个防火分区内的任何部位到最近一个扬声器的距离不大于 25m。

走道内最后一个扬声器至走道末端的距离不应大于 12.5m。

(2)在环境噪声大于 60dB 的场所设置的扬声器,在其播放范围内最远点的播放声压级应高于背景噪声 15dB。

(3)客房设置专用扬声器时,其功率不宜小于 1.0W。

同时设有火灾应急广播和火灾声警报装置的场所,应采用交替工作发生,声警报器单次工作时间宜为 8～20s,火灾应急广播工作时间宜为 10～30s,可采取 1 次声警报器工作,2 次火灾应急广播工作的交替工作方式。

火灾应急广播与公共广播合用时,应符合下列要求:

火灾时应能在消防控制室将火灾疏散层的扬声器和公共广播扩音机强制转入火灾应急广播状态。

消防控制室应能监控用于火灾应急广播时的扩音机的工作状态,并应具有监控遥控开启扩音机和采用传声器播音的功能。

床头控制柜内设有服务性音乐广播扬声器时,应有火灾应急广播功能。

应设置火灾应急广播备用扩音机,其容量不应小于火灾时需同时广播的范围内火灾应急广播扬声器最大容量总和的 1.5 倍。

2.消防应急广播调试

(1)以手动方式在消防控制室对所有广播分区进行选区广播,对所有共用扬声器进行强行切换;应急广播应以最大功率输出。

检查数量:全数检查。

检验方法:观察检查。

(2)对扩音机和备用扩音机进行全负荷试验,应急广播的语音应清晰。

检查数量:全数检查。

检验方法:观察检查。

(3)对接入联动系统的消防应急广播设备系统,使其处于自动工作状态,然后按设计的逻辑关系,检查应急广播的工作情况,系统应按设计的逻辑广播。

检查数量:全数检查。

检验方法:观察检查。

(4)使任意一个扬声器断路,其他扬声器的工作状态不应受影响。

检查数量:每一回路抽查一个。

检验方法:观察检查。

(三)消防应急广播规范用语

发生火灾时,消防广播应该采用规范用语,例如:

（1）各位业主请注意，现在×号楼×单元发生火警，起火部位是×层×房间。现场火情已在控制中，为确保你们的安全，请大家不要惊慌，在工作人员的指引下，有序地通过疏散楼梯撤离到安全地带，疏散时不要拥挤，优先照顾好老人、孩子和妇女，疏散时不要乘坐电梯，谢谢。

Attention please, a fire emergency has been reported at No. X, Unit X, and the location is happened at Room X of X/F. The emergency is now under control, please be calm and do not panic. Please follow the instruction of our staff and evacuate via staircases to the assembly point in an orderly manner. Do not push and give preferential treatment to the elder, children and women. Do not use the elevators.

（2）请大家在疏散时要格外注意，如遇到烟火，请保持低姿前行，如有可能请用打湿的毛巾或其他物品堵住口鼻，请不要穿过火焰，请大家保持冷静，疏散时随手关闭门窗，谢谢。

In case of the spread of smoke, stay low to the ground as you escape, cover your mouth and nose with wet towel if possible. Do not pass through fire or flames. Please remain clam and close the doors and windows upon evacuation.

 模块总结

1.本模块介绍了消防广播电话系统及其主要功能，并分析了消防广播电话系统的两种结构形式（多线制和总线制），比较了两者结构的优缺点，还介绍了消防广播电话系统的设计要求与规范。

2.构建了总线制消防电话系统，其包括消防电话主机、消防电话模块、固定式和手提式消防电话等设备，实现了消防电话的呼入呼出、电话录音、电话线路切换等功能。

3.构建了总线制消防广播系统，其包括GST-CD录放盘、功率放大器、消防广播模块等设备，实现了消防广播的播放、自动控制、消防广播内容录制等功能。

4.通过本模块学习，使学生对消防广播电话系统有了深入的理解，尤其是对消防广播电话系统的设计、安装及调试的能力。

模块四　消防水系统设计与施工

教学目标

1. 了解消防水系统的基本知识
2. 掌握消火栓灭火系统的工作原理
3. 掌握消防水泵的控制方式及施工规范
4. 掌握自动喷水灭火系统的工作原理
5. 掌握自动喷水灭火系统的控制方式和施工规范

教学导航

知识重点：1. 消火栓灭火系统的工作原理
　　　　　2. 消火栓灭火系统的使用场合与设计规范
　　　　　3. 自动喷水灭火系统的工作原理
　　　　　4. 自动喷水灭火系统的使用场合与设计规范

模块难点：1. 消防水泵的控制方式
　　　　　2. 自动喷水灭火系统的自动控制原理
　　　　　3. 湿式报警阀的工作原理

教学方式：1. 分小组查阅消防水系统的相关知识并讨论
　　　　　2. 结合视频和动画讲解理论知识
　　　　　3. 消防水泵控制系统的安装与调试
　　　　　4. 学生分组设计消防水泵的控制方式
　　　　　5. 演示自动喷水系统

技能重点：1. 产品选型以及说明书的查阅能力
　　　　　2. 消防水泵控制方法
　　　　　3. 消防水系统安装调试能力

背景资料

　　水是最常见的灭火剂，采用水灭火的系统主要有消火栓系统和自动喷水灭火系统。消火栓灭火系统结构相对简单，即通过手动开启消火栓的方式灭火。自动喷水灭火系统则根据水压的变化自动启动消防水泵进行供水灭火，是一种自动化程度比较高的灭火系统，对火灾的响应速度也比较快，在现代化大楼中，被广泛应用。

项目一　室内消火栓灭火系统设计与施工

一、任务目标

1.掌握室内消火栓系统的工作原理

2.掌握消防水泵的自动控制、消火栓按钮控制、多线制控制和手动控制的工作原理

3.掌握消火栓系统的安装与调试方式

二、任务准备

模拟房间实训平台、导线若干、万用表、各种型号的螺丝刀、剥线钳、捆扎带、热缩管、电烙铁以及如表4-1所示的设备。

表 4-1　设备材料

序　号	设　备	数　量
1	编码器	1
2	火灾报警控制器	1
3	水泵控制箱	1
4	四线制消火栓报警按钮 J-SAM-GST 9124	1
5	8031 输入输出模块	1
6	消防水泵	2

(一)J-SAM-GST 9124 消火栓按钮

J-SAM-GST 9124 消火栓按钮通常安装在消火栓箱内,当人工确认发生火灾后,按下此按钮,即可启动消防水泵,同时向火灾报警控制器发出报警信号,火灾报警控制器接收到报警信号,将显示出按钮的编码号,并发出报警声响。具有 DC 24V 有源输出和现场设备无源回答输入,采用三线制与设备连接,可完成对设备的启动及监视功能,此方式可独立于火灾报警控制器。每一个消火栓内应设置消火栓按钮,消火栓按钮不能安置在消火栓箱外,以免与手动报警按钮混淆,消火栓按钮如图4-1所示。(工程安装位置:一般工程安装于楼道)

J-SAM-GST 9124 消火栓按钮接线端子如图4-2所示。

Z_1、Z_2:接控制器二总线,无极性。

V+、G:接 DC 24V,无极性。

COM、G:有源 DC 24V 输出。

I、G:无源回答输入。

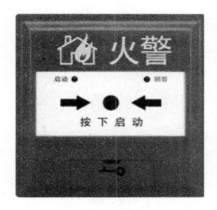

图 4-1 J-SAM-GST 9124 消火栓按钮

图 4-2 J-SAM-GST9124 消火栓按钮接线端子

(二)消防水泵控制箱

消防水泵控制箱的功能说明:

(1)消防水泵控制箱上的点动按钮控制水泵的启动和停止。

(2)多线制控制水泵转动或停止。

(3)多线制控制器通过控制 8302 进而控制消防水泵控制箱的继电器或接触器进而控制水泵的转动和停止,同时通过反馈信号,火灾主机监控水泵的转动或停止信息。

(4)"Z_1 Z_2 信号总线"控制水泵转动或停止。

(5)火灾主机通过"Z_1 Z_2 信号总线"控制 8301 输入输出模块进而控制水泵的转动和停止,同时通过反馈信号,火灾主机监控水泵的转动或停止信息。

(6)消火栓按钮控制水泵转动或停止。

消火栓按钮按下时,输出端输出 DC 24V 给消防水泵控制箱的继电器或接触器,进而控制水泵的转动和停止,同时通过反馈信号,火灾主机监控水泵的转动或停止信息以及消火栓按钮动作的信息。

消防水泵控制箱的如图 4-3 和图 4-4 所示。

图 4-3 消防水泵控制箱接线

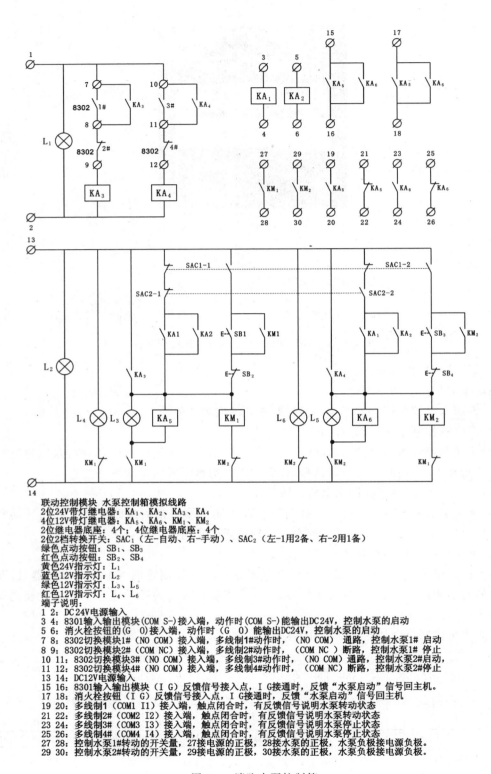

联动控制模块 水泵控制箱模拟线路
2位24V带灯继电器：KA₁、KA₂、KA₃、KA₄
4位12V带灯继电器：KA₅、KA₆、KM₁、KM₂
2位继电器底座：4个；4位继电器底座：4个
2位2档转换开关：SAC₁（左-自动、右-手动）、SAC₂（左-1用2备、右-2用1备）
绿色点动按钮：SB₁、SB₃
红色点动按钮：SB₂、SB₄
黄色24V指示灯：L₁
蓝色12V指示灯：L₂
绿色12V指示灯：L₃、L₅
红色12V指示灯：L₄、L₆
端子说明：
1 2：DC24V电源输入
3 4：8301输入输出模块（COM S-）接入端，动作时（COM S-）能输出DC24V，控制水泵的启动
5 6：消火栓按钮的（G O）接入端，动作时（G O）能输出DC24V，控制水泵的启动
7 8：8302切换模块1#（NO COM）接入端，多线制1#动作时，（NO COM）通路，控制水泵1# 启动
8 9：8302切换模块2#（COM NC）接入端，多线制2#动作时，（COM NC）断路，控制水泵1# 停止
10 11：8302切换模块3#（NO COM）接入端，多线制3#动作时，（NO COM）通路，控制水泵2#启动，
11 12：8302切换模块4#（NO COM）接入端，多线制4#动作时，（COM NC）断路，控制水泵2#停止
13 14：DC12V电源输入
15 16：8301输入输出模块（I G）反馈信号接入点，I G接通时，反馈"水泵启动"信号回主机。
17 18：消火栓按钮（I G）反馈信号接入点，I G接通时，反馈"水泵启动"信号回主机
19 20：多线制1（COM1 I1）接入端，触点闭合时，有反馈信号说明水泵转动状态
21 22：多线制2#（COM2 I2）接入端，触点闭合时，有反馈信号说明水泵转动状态
23 24：多线制3#（COM3 I3）接入端，触点闭合时，有反馈信号说明水泵停止状态
25 26：多线制4#（COM4 I4）接入端，触点闭合时，有反馈信号说明水泵停止状态
27 28：控制水泵1#转动的开关量，27接电源的正极，28接水泵的正极，水泵负极接电源负极。
29 30：控制水泵2#转动的开关量，29接电源的正极，30接水泵的正极，水泵负极接电源负极。

图 4-4 消防水泵控制箱

三、任务实施

(一)任务预习阶段

(1)学习室内消火栓系统的工作原理。

(2)收集各室内消火栓系统设备的说明书,并详细分析工作原理和性能参数。

(3)学习"知识链接"相关内容。

(4)完成如表 4-2 和表 4-3 的预习内容。

表 4-2 一般了解——室内消火栓系统一般知识填写(40分)

预习内容		将合理的答案填入相应栏目	分值	得分
室内消火栓系统	常见的水灭火系统		5分	
	消火栓系统分类		5分	
	室内消火栓系统的组成		10分	
	室内消火栓的给水方式		10分	
	消火栓系统的工作原理		10分	

表 4-3 核心理解——室内消火栓系统核心知识填写(60分)

预习内容		将合理的答案填入相应栏目	分值	得分
消防水泵控制箱	消防水泵有哪几种控制方式		10分	
	消防控制箱12V电源的作用		10分	

续表

预习内容		将合理的答案填入相应栏目	分值	得分
控制原理	一号泵和二号泵的作用		10分	
	多线制控制泵启停为两个按键原理		10分	
	自启控制过程		10分	
	消启控制过程		10分	

(二)任务执行阶段

1.原理图分析

根据附件1所示消防水泵控制箱外部接线图,结合图4-4分析消火栓系统功能,并讨论交流总结。

2.系统接线

要求设备安装位置合理、安装方法正确、设备安装牢固;接线要求平直整洁、接头无分叉,走线尽量短、垂直,每个设备的走线,都必须是从最近距离的线槽走,并从网孔板的内侧走线。消防总线采用白色护套双绞线(Z_1/Z_2总线)、24V及12V电源采用红色和黑色导线,其中红色为正。要求能明显区分回路。

3.编码、注册及定义

进行设备编码、注册以及定义,相关参数设置如表4-4所示。

表4-4　设备编码参数

设备	编码值	设备类型	手动盘键值	二次码	状态
8301	51	查表	6	本层楼第51个设备	电平启
消火栓按钮	52		/	本层楼第52个设备	/

注:假设设备安装在第1号楼区第15层。

4.手动盘控制消防水泵

实现手动盘控制消防水泵的功能,当特定手动盘键值按下时,消防水泵启动。

5.消火栓控制消防水泵

实现消火栓按钮控制消防水泵,当消火栓按下时,消防水泵启动。

6.多线制控制消防水泵

(1)进行多线制的定义。

(2)当多线制启泵按钮按下时,消防水泵启动。当多线制停泵按钮按下时,消防水泵停止。

7. 切换到手动控制

通过模拟消防水泵按钮控制消防水泵。

8. 注意事项

(1)注意多线制接线,不可接错。

(2)模拟消防水泵控制系统,原理要求掌握,否则调试出问题,很难排除。

(3)模拟消防水泵不要接到强电上,应为12V弱电。

(4)正确使用继电器,线圈、触点不要混淆。

四、任务评价总结

(一)任务评价

按表4-5对学生的任务执行情况进行评分。

表 4-5　任务考核

序号	考核内容		分值	评分标准		得分
1	器件安装	1.按图装接器件 2.器件安装后无松动	10分	1.未按图装接扣5分 2.导线接错每处扣2分 3.发现器件安装后有松动每处扣2分		
2	功能要求	设备配置及功能完成情况	40分	5分	设备编码注册定义,错一处扣1分	
				5分	手动盘控制消防泵,错扣5分	
				10分	消火栓控制消防水泵,直接控制错,扣5分,联动控制错,扣5分	
				10分	多线制控制消防水泵1启停,启停错各扣5分	
				10分	多线制控制消防水泵2启停,启停错各扣5分	
3	课题完成效率	快速正确地完成课题任务	10分	最先完成组得10分,其余酌情扣分		
4	技能掌握情况	1.由教师进行相关提问 2.现场观察实训认真程度	35分	能正确回答教师提问的,得分,否则酌情减分	成员　得分	
5	安全意识	1.现场操作安全保护应符合安全操作规程 2.工具摆放、导线线头处理等规范,保持工位的整洁 3.遵守实训室规章,尊重教师,爱惜实训室设备和器材,节约耗材	5分	1.工具摆放、导线线头处理等不符合规范扣5分 2.不遵守实训室规章,设备和器材损坏,耗材出现浪费每处扣5分		

（二）总结交流

学生以报告或 PPT 的形式总结任务，并分组交流讨论消火栓灭火系统的工作原理及安装调试注意事项。

（三）思考练习

（1）简述消防水泵控制箱的原理。

（2）简述消防水泵的控制方式。

五、知识链接

（一）消火栓系统

消火栓系统分为室内消火栓系统和室外消火栓系统，楼宇智能化工程常见的是室内消火栓系统。

1.室内消火栓分类

（1）低层建筑室内消火栓给水系统。建筑高度不超过 10 层的住宅以及小于 24m 的建筑内设置的室内消火栓给水系统，称为低层建筑室内消火栓给水系统。低层建筑发生火灾，利用消防车从室外消防水源抽水，接出水带和水枪，就能直接有效地扑救建筑物内的任何火灾，因而低层建筑室内消火栓给水系统是供扑救建筑物内的初期火灾使用的。这种系统的特点是消防用水量少、水压低，常与生活或生产给水系统合用一个管网系统，只有在合并不经济或技术上不可能时，才分开独立设置。

（2）高层建筑室内消火栓给水系统。建筑高度 10 层及 10 层以上的住宅以及超过 24m 的其他高层建筑物内，设置的室内消火栓给水系统，称为高层建筑室内消火栓给水系统。高层建筑发生火灾，由于受到消防车水泵压力和水带的耐压强度等的限制，一般不能直接利用消防车从室外消防水源抽水送到高层部分进行扑救，而主要依靠室内设置的消火栓给水系统来扑救，就是说，高层建筑灭火系统必须立足于自救。因此，这种系统要求的消防用水量大、水压高，一般情况下与其他灭火系统分开独立设置。

2.室内消火栓系统的工作原理

室内消火栓是室内管网向火场供水的，带有阀门的接口，为工厂、仓库、高层建筑、公共建筑及船舶等室内固定消防设施，通常安装在消火栓箱内，与消防水带和水枪等器材配套使用。

室内消火栓系统的组成如下：

（1）消防水源：室外给水管网、天然水源、消防水池和其他水源。

（2）消防供水设备：消防水箱、稳压设施、消防水泵、高位消防水池、水泵接合器。

（3）室内消防给水管网：引入管、干管、支管、竖管和相应的配件、附件。

（4）室内消火栓灭火设施：室内消火栓、水带、水枪、消防卷盘等。

室内消火栓给水系统的给水方式：

（1）由室外给水管网直接供水的消防给水方式，如图 4-5 所示。

（2）设水箱的消火栓给水方式，如图 4-6 所示。

供水特点：由室外给水管网向消防水箱供水，箱内贮存 10min 消防用水量。火灾初期：由消防水箱向消火栓给水系统供水。火灾延续：可由室外消防车通过水泵接合器向消火栓

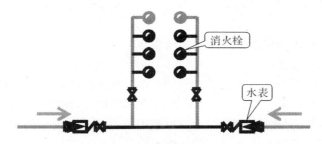

图 4-5　室内消火栓给水系统的给水方式

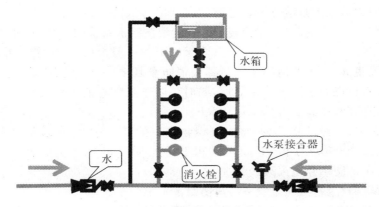

图 4-6　设水箱的消火栓给水方式

给水系统加压供水。

　　适用条件：外网水压变化较大。

　　用水量小时：水压升高能向消防水箱供水。

　　用水量大时：不能满足建筑消火栓系统的水量、水压要求。

　　(3)设水泵、水池、水箱的消火栓给水方式，如图 4-7 所示。

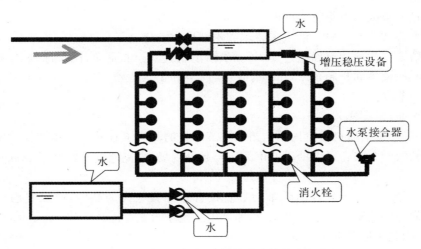

图 4-7　设水泵、水池、水箱的消火栓给水方式

设置特点:室外给水管网供水至消防水池,由水泵从水池吸水送至消防水箱,箱内贮存 10min 消防用水量。

火灾初期:由消防水箱向消火栓给水系统供水。

水泵启动:水泵从水池吸水,由水泵供水灭火。

消火栓系统的工作原理:当火灾发生后,现场的人员可打开消火栓箱,将水带与消火栓栓口连接,开启消火栓的阀门,按下消火栓箱内的启泵按钮,此时消火栓可投入使用。消火栓箱内的按钮直接起动消火栓泵,并向消防控制中心报警。在供水的初期,由于消火栓泵的起动需要一定的时间,其初期供水由高位消防水箱供水。对于消火栓泵的起动,还可由消防泵现场、消防控制中心起动,消火栓泵一旦起动后不得自动停泵,其停泵只能由手动控制。

(二)室内消火栓灭火系统的设置范围

我国《建筑设计防火规范》中明确规定了设置消防给水系统的原则,具体如下:

6 层及 6 层以下的单元式住宅,5 层及 5 层以下的一般民用建筑,室内可以不设消防给水系统。一旦发生火灾,主要由消防人员驾驶消防车赶至火场进行扑救。这类建筑由于高度较低,消防队员可以经消防云梯至 6 层,同时消防车从室外消火栓或消防水池中取水,经车上水泵加压,保证水枪有足够的水量和水压。

耐火等级为一、二级的建筑物,室内可燃物较少的厂房和库房,以及耐火等级为三、四级,但体积不超过 3000m³ 的丁类厂房和体积不超过 5000m³ 的戊类厂房,也可以不设室内消防给水系统,由消防队扑救灭火。

对于下列低层建筑物必须设置室内消防给水系统。

(1)高度不超过 24m 的厂房、库房,以及高度不超过 24m 的科研楼(存有与水接触能引起燃烧爆炸或助长火势蔓延的物品除外)。

(2)超过 800 个座位的剧院、电影院、俱乐部和超过 1200 个座位的礼堂与体育馆。

(3)体积超过 5000m³ 的车站、码头、机场、展览馆、商店、病房楼、门诊楼、教学楼、图书馆等建筑物。

(4)超过 7 层的单元式住宅,超过 6 层的塔式住宅、通廊式住宅、底层设有商业网点的单元式住宅。

(5)超过 5 层或体积超过 10000m³ 的其他民用建筑。

(6)国家级文物保护单位的重点砖木或木结构的古建筑。

(7)人防工程中使用面积超过 300m² 的商场、医院、旅馆、展览厅、旱冰场、体育场、舞厅、电子游艺场等;使用面积超过 450m² 的餐厅,丙类和丁类生产车间及物品库房、电影院、礼堂、消防电梯前室。

(8)停车库、修车库。

上述低层建筑物内设置室内消防给水系统的目的是为了有效地控制和扑救室内的初期火灾,对于较大的火灾主要求助于城市消防车赶赴现场,由室外消防给水系统取水加压进行扑救灭火。

对于高层建筑,由于超过消防车能够直接有效扑救火灾的高度,所以室内任何地点着火,都要依靠室内消防给水系统来完成,原则上立足于自救。

(三)室内消火栓消防用水量

(1)建筑物的室内消火栓设计用水量应根据建筑物的耐火极限、火灾危险性、火灾荷载的大小、点火源的可能性、建筑规模和建筑高度等综合因素确定,但不应小于表 4-6 的规定。

表 4-6　建筑室内消火栓用水量

建筑物名称		高度 h(m)、层数、面积 S(m²) 以及火灾危险性			消火栓用水量 (L/s)	每根竖管最小流量 (L/s)
工业建筑	厂房	$h \leqslant 24$	$S \leqslant 10000$	丙	20	10
				其他	10	10
			$S > 10000$	丙	20	10
				其他	10	10
		$24 < h \leqslant 50$			20	10
		$h > 50$			30	15
	仓库	$h \leqslant 24$	$S \leqslant 5000$	丙	20	10
				其他	10	10
			$S > 5000$	丙	30	10
				其他	20	10
		$24 < h \leqslant 50$			30	15
		$h > 50$			40	20
民用建筑	公共建筑	$h \leqslant 24$	$S \leqslant 10000$		10	10
			$m > 10000$		20	10
		$24 < h \leqslant 50$			30	15
		$h > 50$			40	20
	住宅建筑	多层	8、9 层		10	10
			通廊式住宅		10	10
		高层	$h \leqslant 50$m		10(20)	10
			$h > 50$m		20(30)	10(15)
国家级文物保护单位的重点砖木或木结构的古建筑		$S \leqslant 10000$			10	10
		$S > 10000$			20	10
汽车库/修车库					10	10
人防工程或地下建筑		$S \leqslant 5000$			10	10
		$S \leqslant 5000 \sim 10000$			20	10
		$S > 10000$			30	15

注:表中括号内是高级住宅的室内消火栓用水量。

(2)丁、戊类厂房(仓库)室内消火栓的用水量可按本表减少 10L/s,同时使用水枪数量可按本表减少 2 支。

(3)消防软管卷盘或轻便消防水龙及住宅楼梯间中的手动干式消火系统,其消防用水量可不计入室内消防用水量。

(4)城镇交通长度不小于 1500m 的人行道、长度大于 500m 的机动车道和能通行危险品车的隧道宜设置室内消火栓，其室内消火栓用水量应符合下列规定：

①隧道内的消火栓用水量不应小于 20L/s。

②长度小于 1000m 的人行或机动车隧道，隧道内的消火栓用水量宜为 10L/s。

(四)室内消火栓控制与操作

(1)消防给水系统消防水泵一旦启动不应自动停止，应有管理权限的工作人员根据火灾扑救情况确定关停。

(2)消防水泵应保证在火警后 5min 内开始工作，自动启动的消防水泵应在 1.5min 内正常工作。

(3)双水源消防给水系统和等效双水源消防给水系统设备用动力，若采用双电源或双回路供电有困难时，可采用柴油机作动力。

(4)消防水泵宜由房内水泵出水干管上设置的低压压力开关、报警阀压力开关和屋顶消防水箱消防水位等信号自动直接启动。

(5)自动喷水和水喷雾等自动水灭火系统的消防水泵宜由房内水泵出水干管上设置的低压压力开关和报警阀压力开关两种信号自动直接启动。

(6)消防水泵房应设置紧急启停按钮，消防控制中心应有手动启停泵按钮，消防水池应设置最低水位报警，但不得自动停泵。

(7)任何消防水泵不应设置自动停泵的控制功能。

(8)稳压泵应在消防给水系统管网或气压罐上设置稳压泵自动启停压力开关或压力变送器。

(9)消防水泵控制柜应具有定时自检功能。

(10)消防控制中心应显示消防水泵的启停状态，并能控制消防水泵的启停。

(11)柴油机消防水泵时应采用热启动，启动时间不应大于 20s，但当柴油机消防水泵不作为主泵时，可不采用热备。

(12)消防水泵控制柜与消防水泵设置在同空间时，消防水泵控制柜的防护等级不应低于 IP55，但当消防水泵控制柜设置在单独的控制室时防护等级可适当降低，但不应低于 IP30。

(13)消防水泵控制柜应采取不被洪水淹没的措施。

(14)当消防给水系统分区供水采用转输泵时，消防水泵启动后转输泵再启动；当消防给水系统分区供水采用串联泵时，下区消防泵启动后，上区消防泵再启动。

(15)独立消防水泵房的消防供电应独立供应。双电源供电应在末端控制箱内自动切换，切换时间不应大于 15s。

(16)消防水泵供水时应工频运行，准工作状态自动巡检时可采用变频运行。

(17)控制柜应具有手动启动和自动启动消防水泵的功能，当工频启动消防水泵时，从接通电路到水泵达到额定转速的时间不应大于表 4-7 的规定值。

表 4-7　工频泵启动时间

配用电机功率(kW)	$N \leqslant 132$	$N > 132$
消防启动时间(s)	$T < 30$	$T < 55$

(18)消防水泵控制柜应设置手动和自动巡检消防水泵的功能,自动巡检功能应符合下列规定:

①自动巡检周期不宜大于 7d,但应能按需任意设定。

②自动巡检时,以低频交流电源逐台驱动消防泵,使每台消防泵低速(转速不大于300T/min)转动时间不少于 2min。

③自动巡检时,对消防水泵控制柜的一次回路中的主要低压器件给出不大于 2s 的脉冲动作信号,逐一检查该器件的动作状态。

④自动巡检时,当遇消防信号时应立即退出巡检,进入消防运行状态。

⑤自动巡检时,若发现故障应有声、光报警,并应有记录和储存功能。

(19)消防水泵双电源切换时应符合下列规定:

①双路电源可手动及自动切换时,切换时间不应大于 2s。

②当一路电源与内燃机动力切换时,启动时间不应大于 20s。

(20)消防泵控制柜应有显示消防泵工作状态和故障状态的输出端子及远程控制消防泵启动的输入端子。当具有人机对话功能的设备,且对话界面应汉化,图标标准以便于识别和操作。

(21)电控柜应具有对信号抗干扰的技术措施。

(五)室内消火栓系统安装与施工

1. 消防给水系统和消火栓系统安装

(1)消防水泵、消防水箱、消防水池、消防气压给水设备、消防水泵接合器等供水设施及其附属管道的安装,应清除其内部污垢和杂物。安装中断时,其敞口处应封闭。

(2)消防供水设施应采取安全可靠的防护措施,其安装位置应便于日常操作和维护管理。

(3)消防供水管直接与市政供水管、生活供水管连接时,连接处应安装倒流防止器。

(4)供水设施安装时,环境温度不应低于 5℃;当环境温度低于 5℃时,应采取防冻措施。

(5)管道的安装应采用符合管材材料的施工工艺,管道安装中断时,其敞口处应封闭。

2. 消防水泵安装

(1)消防水泵的规格、型号、流量和扬程等技术参数应符合设计要求,并应有产品合格证和安装使用说明书。

(2)安装前应复核水泵基础混凝土强度、隔振装置、坐标、标高、尺寸和螺栓孔位置。

(3)消防水泵的安装应符合现行国家标准《机械设备安装工程施工及验收通用规范》(GB 50231)、《压缩机、风机、泵安装工程施工及验收规范》(GB 50275)的有关规定。

(4)消防水泵之间以及与墙等的间距应满足安装、运行和维护管理的要求。

(5)吸水管上的控制阀应在消防水泵固定于基础上之后再进行安装,其直径不应小于消防水泵吸水口直径,且不应采用没有可靠锁定装置的蝶阀,蝶阀应采用沟漕式或法兰式蝶阀。

(6)当消防水泵和消防水池位于独立的两个基础上且相互为刚性连接时,吸水管上应加设柔性连接管。

(7)吸水管水平管段上不应有气囊和漏气现象。变径连接时,应采用偏心异径管件并应采用管顶平接。

(8)消防水泵的出水管上应安装止回阀、控制阀和压力表,或安装控制阀、多功能水泵控制阀和压力表;系统的总出水管上还应安装压力表和泄压阀;安装压力表时应加设缓冲装置。压力表和缓冲装置之间应安装旋塞;压力表量程在没有设计要求时,应为工作压力的2～2.5倍。

(9)消防水泵的隔振装置、进出水管柔性接头的安装应符合设计要求,并有产品说明和安装使用说明。

检查数量:全数检查。

检查方法:观察检查。

3.气压水罐安装

(1)气压水罐有效容积、气压、水位及工作压力应符合设计要求。

(2)消防气压给水设备安装位置、进水管及出水管方向应符合设计要求;出水管上应设止回阀,安装时其四周应设检修通道,其宽度不宜小于0.7m,消防气压给水设备顶部至楼板或梁底的距离不宜小于0.6m。

(3)气压水罐应有水位指示器。

(4)气压水罐上的安全阀、压力表、泄水管、压力控制仪表等的安装应符合产品使用说明书的要求。

检查数量:全数检查。

检查方法:对照图纸,观察检查。

4.稳压泵的安装

(1)规格、型号、流量和扬程应符合设计要求,并应有产品合格证和安装使用说明书。

(2)稳压泵的安装应符合现行国家标准《机械设备安装工程施工及验收通用规范》(GB 50231)、国家标准《压缩机、风机、泵安装工程施工及验收规范》(GB 50275)的有关规定。

检查数量:全数检查。

检查方法:尺量和观察检查。

5.消防水泵接合器的安装

(1)组装式消防水泵接合器的安装,应按接口、本体、联接管、止回阀、安全阀、放空管、控制阀的顺序进行,止回阀的安装方向应使消防用水能从消防水泵接合器进入系统,整体式消防水泵接合器的安装,按其使用安装说明书进行。

(2)应安装在便于消防车接近的人行道或非机动车行驶地段,距室外消火栓或消防水池的距离宜为15～40m。

(3)设置各种水灭火系统消防水泵接合器区别的永久性固定标志,并有分区标志。

(4)地下消防水泵接合器应采用铸有"消防水泵接合器"标志的铸铁井盖,并在附近设置指示其位置的永久性固定标志。

(5)墙壁消防水泵接合器的安装应符合设计要求。设计无要求时,其安装高度距地面宜为 0.7m;与墙面上的门、窗、孔、洞的净距离不应小于 2.0m,且不应安装在玻璃幕墙下方。

(6)地下消防水泵接合器的安装,应使进水口与井盖底面的距离不大于 0.4m,且不应小于井盖的半径。

(7)消火栓水泵接合器与消防通道之间不应设有妨碍消防车加压供水的障碍物。

(8)地下消防水泵接合器井的砌筑应有防水和排水措施。

检查数量:全数检查。

检查方法:观察检查。

6.室内消火栓及消防软管卷盘的安装

(1)室内消火栓及消防软管卷盘的选型、规格应符合设计要求。

(2)同一建筑物内设置的消火栓和消防软管卷盘应采用统一规格的栓口、水枪、水带及配件。

(3)试验用消火栓栓口处应设置压力表。

(4)当室内消火栓处应设直接启动消防水泵的按钮,并且该按钮有保护设施,与按钮相连接的信号线应穿金属管保护。

(5)当消火栓设置减压装置时,应检查减压装置应符合设计要求。

(6)室内消火栓及消防软管卷盘应设置明显的永久性固定标志。

检查数量:按数量抽查 30%,但不应小于 10 个。

检验方法:观察检查。

7.消火栓箱的安装

(1)栓口出水方向宜向下或与设置消火栓的墙面成 90°角,栓口不应安装在门轴侧。

(2)如设计没有要求,栓口中心距地面应为 0.7~1.1m,但每栋建筑物应一致,允许偏差±20mm。

(3)阀门的设置位置应便于操作使用,阀门的中心距箱侧面为 140mm,距箱后内表面为 100mm,允许偏差+5mm。

(4)室内消火栓箱的安装应平正、牢固,暗装的消火栓箱不能破坏隔墙的耐火等级。

(5)消火栓箱体安装的垂直度允许偏差为+3mm。

(6)消火栓箱门的开启不应小于 120°。

(7)安装消火栓水龙带,水龙带与水枪和快速接头绑扎好后,应根据箱内构造将水龙带放置。

检查数量:按数量抽查 30%,但不应小于 10 个。

检验方法:观察和尺量检查。

8.管道宜采用螺纹、法兰或焊接等方式连接

(1)采用螺纹连接时,热浸镀锌钢管的管件宜采用锻铸铁螺纹管件(GB 3287—3289),热浸镀锌无缝钢管的管件宜采用锻钢制螺纹管件(GB/T 14626)。

(2)螺纹连接时,螺纹应符合现行国家标准《60°圆锥管螺纹》(GB/T 12716)的有关规定,宜采用密封胶带作为螺纹接口的密封,密封带应在阳螺纹上施加。

(3)法兰连接时,法兰的密封面形式和压力等级应与消防给水系统技术要求相符合;法兰类型根据连接形式宜采用平焊法兰、对焊法兰和螺纹法兰等,法兰选择必须符合钢制管法

兰(GB 9112—9131),钢制对焊无缝管件(GB/T 12459),管法兰用聚四氟乙烯包覆垫片(GB/T 13404)标准。

(4)热浸镀锌钢管采用法兰连接时应选用螺纹法兰。系统管道采用内壁不防腐管道时,可焊接连接。管道焊接应符合《现场设备、工业管道焊接工程施工及验收规范》(GB 5036)。

(5)管道采用焊接时,应当符合现行国家标准《现场设备工业管道焊接工程施工及验收规范》、《工业金属管道工程施工及验收规范》GB 50253 的有关规定。

(6)管径大于 DN 50 的管道不得使用螺纹活接头,在管道变径处应采用单体异径接头。

检查数量:按数量抽查 30%,但不应小于 10 个。

检验方法:观察和尺量检查。

项目二　自动喷水灭火系统设计与施工

一、任务目标

1. 掌握自动喷水灭火系统的工作原理
2. 掌握自动喷水灭火系统的安装施工
3. 掌握自动喷水灭火系统联动调试
4. 掌握自动喷水灭火系统与报警主机的联网方式

二、任务准备

自动喷水灭火系统实训设备一套,主要设备如表 4-8 所示。

表 4-8　设备材料

序号	设备	数量
1	稳压泵	2
2	增压泵	1
3	手自动控制箱	1
4	湿式报警阀阀组	1
5	模拟房间	1
6	喷淋头	6
7	火灾报警控制器	1
8	输入输出模块套件	1

三、任务实施

(一)任务预习阶段

(1)学习自动喷水灭火系统的工作原理。

（2）收集自动喷水灭火系统设备的说明书，并详细分析工作原理和性能参数。

（3）学习"知识链接"相关内容。

（4）完成如表 4-9 和表 4-10 的预习内容。

表 4-9 一般了解——自动喷水灭火系统一般知识填写（40 分）

预习内容		将合理的答案填入相应栏目	分值	得分
自动喷水灭火系统	自动喷水灭火系统的组成		5 分	
	闭式喷头的作用		5 分	
	闭式喷头的工作温度		10 分	
	末端试水器的作用		10 分	
	水流指示器的作用		10 分	

表 4-10 核心理解——自动喷水灭火系统核心知识填写（60 分）

预习内容		将合理的答案填入相应栏目	分值	得分
设备	湿式报警阀组的设备组成		10 分	
	湿式报警阀的工作原理		10 分	
控制原理	稳压泵和增压泵的作用		10 分	
	自动喷水灭火系统的工作流程		10 分	
	稳压泵的自动控制方式		10 分	
	增压泵的自动控制方式		10 分	

（二）任务执行阶段

（1）自动喷水灭火系统参观，包括自动喷水灭火系统的动画演示以及停车场自动喷水灭火系统实地参观。

（2）自动喷水灭火系统教师运行演示操作。

①模拟火灾发生。

②自动喷水灭火系统设备（包括湿式报警阀组、水流指示器、增压泵和稳压泵、压力开关灯设备）动作观察，并记录数据。

③火灾自动报警控制器及输入输出模块操作。

④手动盘和多线制控制稳压泵。

⑤手动操作自动喷水灭火系统设备控制箱。

（3）学生分组操作自动喷水系统的上述演示操作。

（4）学生分组深入分析自动喷水灭火系统的工作原理，包括系统的工作流程以及各个设备的功能。

（5）深入分析自动喷水灭火系统控制箱的线路图。

（6）自动喷水灭火系统在火灾控制器上的编程，以实现对自动喷水灭火系统的监控。

（7）注意事项：

①注意设备操作安全。

②湿式报警阀动作操作前要检查检修阀是否打开。

③启泵时注意消防水池的水位要求。

四、任务评价总结

（一）任务评价

学生分组进行对自动喷水灭火系统理解的汇报答辩，教师和学生根据附件3—6进行评价考核。

（二）总结交流

学生以报告或 PPT 的形式总结任务。教师对自动喷水灭火系统原理以及消防水泵的控制方式进行总结梳理。

（三）思考练习

1. 在北方冬天水容易结冰的情况下，如何设计自动喷水灭火系统？

2. 消防水泵的扬程和流量如何选取？

五、知识链接

（一）自动喷水灭火系统概述

在智能楼宇中，广泛使用可自动喷水灭火系统，灭火系统的自动化可保证火灾在初期阶段被扑灭。自动喷水灭火系统安全可靠，灭火效果好。资料表明自动喷水灭火系统灭火成功率高达95％。自动喷水灭火系统采用了计算机控制技术，实现了控制系统的集中管理和分散控制，系统结构简单，维护管理方便，广泛应用于各种可以用水灭火的场所。

自动喷水灭火系统是由洒水喷头、报警阀组、水流报警装置（水流指示器或压力开关）等组件,以及管道、供水设施组成,并能在发生火灾时喷水的自动灭火系统。其分为干式灭火系统和湿式灭火系统。湿式灭水系统准工作状态时配水管道内充满用于启动系统的有压水的闭式系统。干式灭水系统准工作状态时配水管道内充满用于启动系统的有压气体的闭式系统。

湿式系统特点如下:

(1)结构简单,使用可靠。

(2)系统施工简单、灵活方便。

(3)灭火速度快、控火效率高。

(4)系统投资省,比较经济。

(5)适用范围广。

(二)自动喷水灭火系统的组成

1.闭式喷头

湿式自动喷水灭火系统选用的喷头为闭式喷头。闭式喷头的喷水口由感温元件组成的释放机构封闭。当环境温度达到闭式喷头的公称动作时,释放机构脱落,喷头开启。闭式喷头,其公称动作温度应高于环境最高温度30℃。

闭式喷头按温度元件分易熔元件洒水喷头、玻璃球洒水喷头。

(1)易熔元件洒水喷头

易熔元件洒水喷头这是以易熔金属或其他易熔材料作为感温元件的喷头释放机构的洒水喷头。易熔元件洒水喷头结构简单,性能稳定,成本低,可在各种建筑中安装使用。易熔元件洒水喷头的公称动作温度分为7档,在喷头扼臂上用不同的颜色作标记来表示,如表4-11所示。

表4-11　易熔元件洒水喷头颜色对照

公称动作温度(℃)	57—77	80—107	121—149	163—191	201—246	260—343
颜色	本色	白色	蓝色	红色	绿色	橙色

(2)玻璃泡洒水喷头

玻璃泡洒水喷头这是以内装彩色液体的玻璃泡为感温元件的喷头释放机构的洒水喷头。它安装在喷头和扼臂之间,封闭喷口,当环境温度达到玻璃泡的公称动作温度时,玻璃泡炸碎,喷头开启。这种喷头体积小,外形美观。玻璃泡洒水喷头的公称动作温度分为9档,用玻璃泡内液体的不同颜色表示,如表4-12所示。

表4-12　玻璃泡洒水喷头颜色对照

公称动作温度(℃)	57	68	79	93	141	182	227	260	343
颜色	橙色	红色	黄色	绿色	蓝色	紫色	黑色	黑色	黑色

玻璃泡洒水喷头为最常用的闭式喷头,如图4-8所示。

闭式玻璃泡洒水喷头按安装形式分为直立式洒水喷头、下垂式洒水喷头、边墙式洒水喷头、吊顶式洒水喷头和干式洒水喷头。

①直立式洒水喷头

直立式洒水喷头(见图4-9)安装时溅水盘朝上,垂直安装在供水管路上,高压消防水经

图 4-8　闭式喷头

喷口冲出,射在溅水盘后洒向灭火区,水量的 $60\%\sim80\%$ 直接洒向下方灭火区,一小部分洒向上方后下落。这种喷头适合于安装在层高较低的场所,可避免发生喷头被碰撞而损坏。不做吊顶的场所,当配水支管布置在梁下时,应采用直立式喷头。

②下垂式洒水喷头

下垂式洒水喷头(见图 4-10)安装时溅水盘朝下,垂直安装在供水管路上,高压消防水经喷口冲出,射在溅水盘后洒向灭火区,全部水量洒向下方灭火区,是使用最为普遍的一种。

③边墙式洒水喷头

供水管道和墙边式洒水喷头(见图 4-11)安装在侧墙上,从防护区的侧上方向防护区洒水。高压水经喷口冲出,射在溅水盘后洒向灭火区,大部分水量洒向下方灭火区。

④吊顶式洒水喷头

吊顶式洒水喷头是下垂式洒水喷头中的一种,安装时溅水盘朝下,供水管路安装在吊顶内,洒水喷头安装在吊顶下,为了安装美观,洒水喷头与吊顶常用装饰罩装饰,适用于装饰要求高的场所。

图 4-9　边墙式　　　　　图 4-10　下垂式　　　　　4-11　双臂直立型

2.末端试水器

末端试水器(见图 4-12)设置于每个报警阀组控制的最不利点喷头处,其他防火区、楼层的最大不利点喷头处,均应设直径为 25m 的试水阀。末端试水阀装置应由试水阀、压力表及试水接头组成。试水接头出水口的流量系数,应等同于同楼层或防火分区内的最小流量系统喷头。打开试水阀管道内消防水流出,用于检查系统最不利点出喷头的工作压力和流量系数,检查水流指示器的输出灵敏度。末端试水装置应连接排水管,以便试水时顺利排水。

图 4-12 末端试水器

3.水流指示器

水流指示器(见图 4-13)用于检测水流指示器后的水流情况。闭式喷头遇高温后爆裂,供水管道中高压消防水充喷头喷出,供水管道产生水流。水流指示器安装在供水管道上,插入管内的金属或塑料叶片,随水流而动作,经过一定时间延迟后,发生水流信号,指示发生火灾具体位置。

图 4-13 末端试水器

常见水流指示器性能指示如表 4-13 所示。

表 4-13 常见水流指示器性能指示见表

型号	结构特点	额定工作	最低动作流率	不动作流率	延时时间	电源电压电流	输出触点
ZSJZA	电子延时	1.2×10^6	0.667×10^{-3}	0.250×10^{-3}	0.4~60	24V <84mA	一对 24V3A
ZSJZB	机械延时	1.2×10^6	0.917×10^{-3}	0.350×10^{-3}	0.4~60		一对 220V5A
ZSJZC	无延时	1.2×10^6	0.750×10^{-3}	0.250×10^{-3}			一对 220V2A

每个防火区、每个楼层均应设水流指示器。当一个湿式报警阀组仅控制一个防火分区或一个层面的喷头时,由于报警组阀的水力警铃和压力开关以能发挥报告火灾部位的作用,故这种情况允许不设水流指示器。当在水流指示器入口前设置控制阀时,应采用信号阀。

4.湿式报警阀组

湿式报警阀组由控制阀、湿式报警阀、延时器、水力警铃、压力开关,以及用于检验湿式报警阀与水流指示器、压力开关状态是否正常的试警阀、排水试验阀、进与配水管和压力表等组成。

(1)湿式报警阀

湿式报警阀是湿式报警阀组的核心。湿式报警阀(或称为充水式信号检查阀)是一种直立式单向阀,用于火灾时产生火警信号,湿式报警阀与供水总管间安装闸阀,关闭闸阀可以对湿式自动喷水灭火系统进行维护。闸阀平时始终处于开启状态。如图 4-14 所示。

图 4-14　湿式报警阀

湿式报警阀为一单向阀,直立安装在闸阀上,报警阀中央的导杆上装有阀片,导杆、阀片能上下移动,并保证导杆在上下移动时不偏离中心位置。平时管网由闭式喷头封闭,管网中的水处于静止状态,片阀两侧水压相等,接在总干管及配水管中的两块压力表指示的压力值相等。导杆、阀片由于其自身重量落在阀座上,关闭通向水力警铃的管孔,水力警铃不响。火灾时现场温度升高,当现场温度升高到闭式喷头的公称温度时,喷头爆裂,压力水从喷头中喷出,配水干管中的水压降低,进水管压力高于配水干管压力,阀片上下两侧压力阀失去平衡,阀片开始上升,总干管中的水通过湿式报警阀流入配水干管,为管网提供消防用水,同时通过阀中环沟流入水力警铃,驱动警铃,发出火警信号。湿式报警阀内部结构如图 4-15 所示。

(2)延时器

延时器安装在湿式报警阀与水力警铃之间。当湿式报警阀因进水管与配水干管之间水压的波动而瞬时开启时,少量的水会进入延时器,延时器容量较大,少量的水很快从延时器底部泄水孔排出,不会进入水力警铃,从而防护因水压的波动而发生误报。当进水管水压持续超过配水干管水压时,湿式报警阀完全开启,水很快充满延时器,并由顶部的出口流向水力警铃,驱动警铃,发生报警。

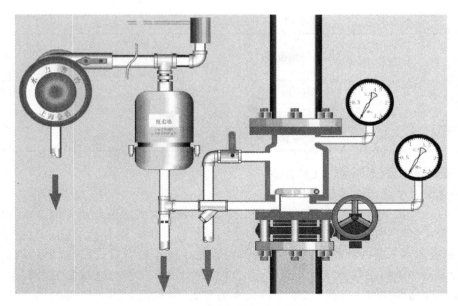

图 4-15　湿式报警阀内部结构

（3）水力警铃

水力警铃（见图 4-16）由警铃、铃锤、转轴、水轮、喷水口、进水管等组成，其结构简单、工作可靠、灵敏度高。因此，水力警铃是湿式报警阀中不可缺少的部件。水力警铃靠压力驱动警铃，压力水来自开放的湿式报警阀，压力水从湿式报警阀经水管从喷水口喷出，冲击水轮转动，水轮转动带动转轴转动，转动的转轴带动另一端的铃锤也随着转动，不断地击响警铃，发出警报铃声。水力警铃的工作压力也小于 0.05MPa，与警铃连接的管道，其管径应为20mm，总长不宜大于 20m。

图 4-16　水力警铃

（4）压力开关

压力开关和水力警铃一样，通过进水管接在湿式报警阀后，当报警阀的阀瓣打开后，压力水经进水管进入压力开关内腔，推动膜片向上移动，顶柱也同时上升，将下金属弹簧片顶起，触点闭合，闭合信号送到火灾报警控制器，常与水流指示器共同作用，启动水喷淋水泵，或驱动现场声光报警器。

常见压力开关性能指标如表 4-14 所示。

表 4-14　常见压力开关的性能参数

型号	额定工作压力	压力可调范围	输出特点			
			形式	～380V	～220V	～24V
ZSJYA	10^6	$10^5 \sim 10^6$	一对常开		3A	3A
ZSJYB	1.2×10^6	$3.5 \times 10^6 \sim 1.2 \times 10^6$	常开、常闭各一对		5A	3A
ZSJYC	1.2×10^6	$50 \times 10^6 \sim 2 \times 10^6$	常开、常闭各一对	5A		

（三）自动喷水灭火系统的工作原理

1. 湿式自动喷水灭火系统工作原理

湿式自动喷水灭火系统平时管网中的处于静止状态，湿式报警阀阀片两端水压相等，接在总干管及配水管中的两块压力表指示的压力值相等。导杆、阀片由于其自身重量落在阀座上，关闭通向水力警铃的管孔，水力警铃不响。若水流不稳定时，湿式报警阀因进水管与配水干管之间水压的波动而瞬时开启时，少量的水会进入延时器，延时器容量较大，少量的水很快从延时器底部泄水孔排出，不会进入水力警铃，从而防护因水压的波动而发生误报，工作原理如图 4-17 所示。

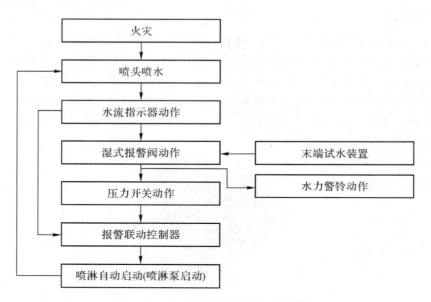

图 4-17　自动喷水灭火系统工作原理

发生火灾时，火灾现场温度升高，当温度超过闭式喷头的公称温度时，喷涂爆裂，压力水从喷头喷出，配水干管中的水压降低，进水管压力高于配水干管压力，阀片上下两侧压力阀失去平衡，阀片开始上升，总干管中的水通过湿式报警阀流入配水干管，同时通过阀中环沟流入延时器。当水流很猛的时候，延时器下端泄水孔不能及时排出，水充满延时器后流入水力警铃，驱动警铃，发出火警信号。同时增压力开关动作，启动两台压力泵。压力水经过总干管流进配水管，再送到相应的火灾现场进行灭火。

此时，供水管道产生水流，水流指示器安装在供水管道上，插入管内的金属或塑料叶片，随水流而动作,经过一定时间延迟后,发生水流信号,指示发生火灾具体位置。

末端试水装置用于平时检测自动喷水灭火系统管网中水管是否阻塞或水压是否过低。打开末端试水装置的阀门,水流流出,证明装置正常。

2.消防水泵控制原理

如图 4-18 和图 4-19 所示分别为自动喷水灭火系统的主电路和控制原理。主电路中,增压泵和稳压泵通过接触器触点控制开关。

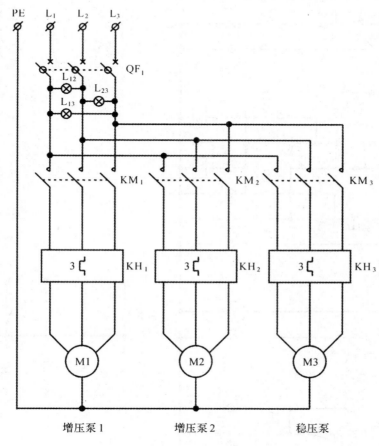

图 4-18　主电路

(四)自动喷水灭火系统的设计规范与施工

1.系统选型

(1)自动喷水灭火系统应在人员密集、不易疏散、外部增援灭火与救生较困难的性质重要或火灾危险性较大的场所中设置。

(2)自动喷水灭火系统不适用于存在较多下列物品的场所:

①遇水发生爆炸或加速燃烧的物品。

②遇水发生剧烈化学反应或产生有毒有害物质的物品。

③洒水将导致喷溅或沸溢的液体。

(3)自动喷水灭火系统的系统选型,应根据设置场所的火灾特点或环境条件确定,露天

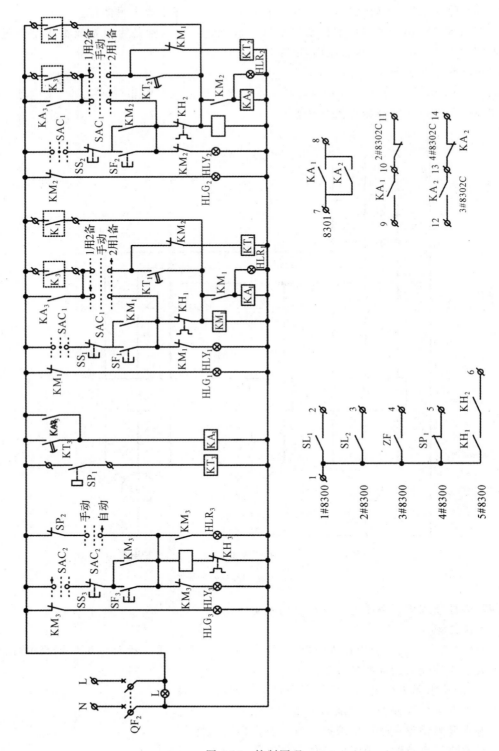

图 4-19　控制原理

场所不宜采用闭式系统。

（4）自动喷水灭火系统的设计原则应符合下列规定：

①闭式喷头或启动系统的火灾探测器，应能有效探测初期火灾。

②湿式系统、干式系统应在开放一只喷头后自动启动，预作用系统、雨淋系统应在火灾自动报警系统报警后自动启动。

③作用面积内开放的喷头，应在规定时间内按设计选定的强度持续喷水；喷头洒水时，应均匀分布，且不应受阻挡。

（5）环境温度不低于 4℃，且不高于 70℃ 的场所应采用湿式系统。

（6）环境温度低于 4℃，或高于 70℃ 的场所应采用干式系统。

（7）具有下列要求之一的场所应采用预作用系统：系统处于准工作状态时，严禁管道漏水；严禁系统误喷；替代干式系统。

（8）灭火后必须及时停止喷水的场所，应采用重复启闭预作用系统。

（9）自动喷水灭火系统应有下列组件、配件和设施：

①应设有洒水喷头、水流指示器、报警阀组、压力开关等组件和末端试水装置，以及管道、供水设施。

②控制管道静压的区段宜分区供水或设减压阀，控制管道动压的区段宜设减压孔板或节流管。

③应设有泄水阀（或泄水口）、排气阀（或排气口）和排污口。

④干式系统和预作用系统的配水管道应设快速排气阀。有压充气管道的快速排气阀入口前应设电动阀。

2. 供水

（1）系统应设独立的供水泵，并应按一运一备或二运一备比例设置备用泵。

（2）按二级负荷供电的建筑，宜采用柴油机泵作备用泵。

（3）系统的供水泵、稳压泵，应采用自灌式吸水方式。采用天然水源时水泵的吸水口应采取防止杂物堵塞的措施。

（4）每组供水泵的吸水管不应少于 2 根。报警阀入口前设置环状管道的系统，每组供水泵的出水管不应少于 2 根。供水泵的吸水管应设控制阀；出水管应设控制阀、止回阀、压力表和直径不小于 65mm 的试水阀。必要时，应采取控制供水泵出口压力的措施。

（5）采用临时高压给水系统的自动喷水灭火系统，应设高位消防水箱，其储水量应符合现行有关国家标准的规定。消防水箱的供水，应满足系统最不利点处喷头的最低工作压力和喷水强度。

（6）建筑高度不超过 24m，并按轻危险级或中危险级场所设置湿式系统、干式系统或预作用系统时，如设置高位消防水箱确有困难，应采用 5L/s 流量的气压给水设备供给 10min 初期用水量。

（7）消防水箱的出水管，应符合下列规定：

①应设止回阀，并应与报警阀入口前管道连接。

②轻危险级、中危险级场所的系统，管径不应小于 80mm，严重危险级和仓库危险级不应小于 100mm。

（8）系统应设水泵接合器，其数量应按系统的设计流量确定，每个水泵接合器的流量宜按 10～15L/s 计算。

（9）当水泵接合器的供水能力不能满足最不利点处作用面积的流量和压力要求时，应采取增压措施。

3.喷头布置

（1）喷头应布置在顶板或吊顶下易于接触到火灾热气流并有利于均匀布水的位置。

（2）直立型、下垂型喷头的布置，包括同一根配水支管上喷头的间距及相邻配水支管的间距，应根据系统的喷水强度、喷头的流量系数和工作压力确定。

（3）除吊顶型喷头及吊顶下安装的喷头外，直立型、下垂型标准喷头，其溅水盘与顶板的距离，不应小于 75mm，且不应大于 150mm。

（4）图书馆、档案馆、商场、仓库中的通道上方宜设有喷头。喷头与被保护对象的水平距离，不应小于 0.3m。

（5）货架内喷头宜与顶板下喷头交错布置，其溅水盘与上方层板的距离，与其下方货品顶面的垂直距离不应小于 150mm。

（6）货架内喷头上方的货架层板，应为封闭层板。货架内喷头上方如有孔洞、缝隙，应在喷头的上方设置集热挡水板。集热挡水板应为正方形或圆形金属板，其平面面积不宜小于 0.12m²，周围弯边的下沿，宜与喷头的溅水盘平齐。

（7）净空高度大于 800mm 的闷顶和技术夹层内有可燃物时，应设置喷头。

（8）当局部场所设置自动喷水灭火系统时，与相邻不设自动喷水灭火系统场所连通的走道或连通开口的外侧，应设喷头。

（9）装设通透性吊顶的场所，喷头应布置在顶板下。

（10）顶板或吊顶为斜面时，喷头应垂直于斜面，并应按斜面距离确定喷头间距。尖屋顶的屋脊处应设一排喷头。喷头溅水盘至屋脊的垂直距离，屋顶坡度＞1/3 时，不应大于 0.8m。

（11）边墙型扩展覆盖喷头的最大保护跨度、配水支管上的喷头间距、喷头与两侧端墙的距离，应按喷头工作压力下能够喷湿对面墙和邻近端墙距溅水盘 1.2m 高度以下的墙面确定。

（12）直立式边墙型喷头，其溅水盘与顶板的距离不应小于 100mm，且不宜大于 150mm，与背墙的距离不应小于 50mm，并不应大于 100mm。水平式边墙型喷头溅水盘与顶板的距离不应小于 150mm，且不应大于 300mm。

（13）防火分隔水幕的喷头布置，应保证水幕的宽度不小于 6m。采用水幕喷头时，喷头不应少于 3 排；采用开式洒水喷头时，喷头不应少于 2 排。防护冷却水幕的喷头宜布置成单排。

 模块总结

1.本模块主要介绍了消防水系统、室内消火栓系统的构成以及常见的结构形式，着重介绍了自动喷水灭火系统的工作原理、功能部件及设计规范，灭火喷头的类型及布置要求，湿式报警阀的功能及工作原理，消防水泵的控制方式及控制电路的设计。

2.通过实训任务,构建了消防水系统,着重实现了消防水泵的控制方式,可以通过消火栓按钮、手动、多线制、消防主机手动盘等方式控制消防水泵,使学生对消防水泵的控制原理及接线方式有了深入的了解。通过本实训任务,使学生掌握了消防水系统的安装与调试方式。

模块五　楼宇消防系统工程设计

教学目标

1. 了解消防系统的设计内容
2. 掌握设计说明书的组成与内容格式要求
3. 掌握消防工程图纸的识图与绘制

**教学导航**

知识重点:1.工程设计文档的规范格式

　　　　　2.工程设计的步骤过程以及相关国家规范

模块难点:1.了解有关技术资料、查找收集有关工具和设计规范

　　　　　2.确定设计方案与设备选择

　　　　　3.绘制施工图与系统图

　　　　　4.编写设计说明、施工用表、整理计算书

教学方式:1.案例分析法,给学生介绍消防工程实际应用

　　　　　2.综合介绍消防工程有关规范

　　　　　3.学生分组进行工程设计

技能重点:1.消防工程应用设计的能力

　　　　　2.消防系统工程图纸的绘制能力

项目一　消防工程综合应用——学校办公大楼消防设计

一、工程规模

建设单位:某学校

工程名称:某学校办公大楼消防设计

工程规模:本工程为某学校办公大楼,总建筑面积 10000m²。地下一层,地上 12 层,主要为办公室、餐厅、车库等;建筑总高度 44.4m,属二级保护对象,各层均为钢筋混凝土现浇楼板。建筑结构图 3 张,平面图 7 张,分别为地下室平面图、一层平面图;二层平面图;三至十层平面图,十一层平面图,十二层平面图,设备层平面图。

管理要求:该楼与周围的综合楼构成整个商业区,实行统一管理,并把管理单位放在该建筑物内。

建设单位要求,在满足规范的情况下,力求经济合理。

二、水暖给出条件

压力开关、水流指示器、防火阀、送风口、排烟口均在图中示出。

三、电力照明给出条件

喷淋泵、消防泵、空调、排烟机、通风机配电箱均给出,同时提供的相关土建平面图中应给条件均已画出。

四、设计内容及要求

(一)实训工作量

每个学生应独立完成实训设计任务,具体工作量为:

(1)计算说明书1份(5~10页,4000字以上)。

(2)绘制建筑火灾自动报警与消防联动控制系统施工图7~9张及以上。

(二)实训设计选题及依据

1.设计项目名称和用途

某学校办公大楼消防设计。

2.设计依据

设计项目(或课程设计任务指导书):应提供建筑结构、建筑层数层高、建筑功能平面图及主要立面图等建筑参数和有关设计条件图纸。

设计资料:现行国家规范标准和行业标准有:《建筑设计防火规范》(GB 50016—2014)、《火灾自动报警系统设计规范》(GB 50116—2013)、《火灾自动报警系统施工及验收规范》(GB 50166—2014)以及有关的规范标准;近几年出版的最新的相关设计手册;火灾自动报警系统产品设备手册。

(三)设计内容和要求

(1)设计计算说明书。火灾自动报警设计:方案选择、设备选择、消防联动控制、系统供电、报警线路选择及敷设方式选择及要求;火灾报警控制器、消防联动控制器、消防广播、消防专用电话等的控制和动作要求;火灾探测器数量、火灾报警控制器容量、扩音机及扬声器容量、消防专用电话总机容量等的计算。

(2)绘制施工图。火灾自动报警系统施工图:火灾自动报警与消防联动控制系统图(包括火灾自动报警与消防联动控制系统、消防广播系统、消防专用电话系统)、火灾自动报警与消防控制平面布置图等。

编制设计说明和施工图用表:编制图纸目录、有关设计说明、图例符号表及主要器材表等。

(3)图纸要求。

①系统图:采用国标图例绘制各种设备与元器件及系统连接,采用标准的文字符号标注设备与元器件的编号、型号规格、各类线路编号、导线型号、根数、管材、关径、敷设方式等。

②平面布置图:采用国标图例绘制火灾自动报警与消防联动控制系统各类设备、器件的

平面布置及必要的文字符号标注;各类系统的线路走向、编号、根数、型号规格、敷设方式等。

③根据已知条件,遵守消防法规并依据相关规范进行消防设计。

(4)总结交流并进行考核评价。

五、设计时间安排

本实训设计完成时间为 1 周(折合课时 26 学时),时间分配如表 5-1 所示。

表 5-1 时间分配

序号	内 容	时间 (学时)	天
1	了解有关技术资料、查找收集有关工具和设计规范	6	1
2	确定设计方案与设备选择	6	1
3	绘制施工图与系统图	6	1
4	编写设计说明、施工用表、整理计算书	4	1
5	评价阶段	4	1
6	合 计	26	5

六、实训设计指导

指导教师应在综合训练前提供训练任务书、指导书及时间进程。指导教师应引导学生学会对工程项目进行分析,正确确定方案;指导学生选择必要的参考书、设计手册和工程规范。帮助学生理清设计程序,合理安排好时间,掌握好设计进度。设计中应培养学生独立思考、分析问题和解决实际问题的能力。对设计中的关键问题应做必要的讲解和提示。课程设计应配备足够的指导力量,每位指导教师指导的学生不宜超过 25 人。

七、任务评价总结

(一)设计答辩

通过质疑或答辩方式,考核学生在本次课程设计中对所学课程综合知识的掌握情况和设计的广度、深度与水平。

(二)图纸质量

考核课程设计质量:设计图纸应严格按国家标准执行,图纸内容表达完整、图面整洁、线条清晰、视图布局合理,文字说明简明扼要、文体规范、表达准确。

(三)设计方案

设计方案先进合理、安全、经济,设备、器件与材料选型合适,符合国家现行规范要求。

八、知识链接

(一)设计说明书

(1)工程设计依据。包括政府有关主管部门的批文,设计所执行的主要法规和所采用的主要标准(包括标准的名称、编号、年号和版本号),有关部门对本工程批准的规划许可技术条件,建设单位提供的有关使用要求或生产工艺等资料。

(2)建设规模和设计范围。包括工程的设计规模及项目组成,分期建设内容和对续建、扩建的设想及相关措施,承担的设计范围与分工。

(3)总指标。包括能反映建筑规模的总建筑面积、建筑占地面积、建筑高度,剧院、体育场馆等场所的座位数、车库的停车位数量,厂房、仓库等的火灾危险性类别等。

(4)采用新技术、新材料、新设备和新结构的情况。

(5)具有特殊火灾危险性的消防设计和需要设计审批时解决或确定的问题。

(6)总平面。包括场地所在地的名称及位置,场地内原有建筑物、构筑物以及保留、拆除的情况,建筑物、构筑物满足防火间距的情况,功能分区,竖向布置方式(平坡式或台阶式),人流和车流的组织、出入口、停车场(库)的布置及停车数量的确定,消防车道及高层建筑消防扑救场地的布置,道路主要的设计技术条件。

(7)建筑、结构。包括建筑面积、建筑层数、层高和总高,建筑防火类别、耐火等级和结构选型,建筑物构件的构造及燃烧性能、耐火极限,建筑物使用功能和工艺要求,建筑的功能分区、平面布局、立面造型及与周围环境的关系,建筑的安全疏散、消防电梯,交通组织、垂直交通设施的布局,防火防烟分区的划分等。

(8)建筑电气。

①消防电源、配电线路及电器装置。包括消防电源供电负荷等级确定、消防用电设备的配电线路选择及敷设方式、备用电源性能要求及启动方式;变、配、发电站的位置、数量、容量及设备技术条件和选型要求;消防技术标准有要求的导线、电缆、母干线的材质、型号和敷设方式,以及配电设备、灯具的选型、安装方式;消防应急照明的照度值、电源形式、灯具配置、线路选择及敷设方式、控制方式、持续时间;消防疏散指示标志的设置部位、照度、供电时间等。

②火灾自动报警系统和消防控制室。包括保护等级的确定及系统组成,消防控制室位置的确定,火灾探测器、报警控制器、手动报警按钮、控制台(柜)等设备的选择,火灾报警与消防联动控制要求,控制逻辑关系及控制显示要求,概述火灾应急广播、火灾警报装置及消防通信,概述电气火灾报警,消防主电源、备用电源供给方式,接地及接地电阻要求,传输、控制线缆选择及敷设要求,应急照明的联动控制方式等;当有智能化系统集成要求时,应说明火灾自动报警系统与其他子系统的接口方式及联动关系。

(9)消防给水和灭火设施。

①消防水源。由市政管网供水时,应说明供水干管方位、接管管径及根数、能提供的水压;采用天然水源时,应说明水源的水质及供水能力、取水设施;采用消防水池供水时,应说明消防水池的设置位置、有效容量及补水量的确定、取水设施及其技术保障措施。

②消防水泵房。包括设置位置、结构形式、耐火等级,设备选型、数量、主要性能参数和

运行要求。

③室外消防给水系统。包括室外消防用水量标准及一次灭火用水量、总用水量的确定，室外消防给水管道及室外消火栓的布置，系统供水方式、设备选型及控制方式。

④室内消火栓系统。包括室内消火栓的设置场所、用水量的确定，室内消防给水管道及消火栓的布置，系统供水方式、设备选型及控制方式，消防水箱的容量、设置位置及技术保障措施。

⑤灭火设施。自动喷水灭火系统等各类自动灭火系统的设计原则、设计参数、系统组成、控制方式以及主要设备选择等。

（10）防烟排烟及暖通空调。包括设置防排烟的区域及方式，防排烟系统送风量、排烟量的确定，防排烟系统及设施配置、控制方式；暖通空调系统的防火措施。

（11）热能动力。包括室内燃料系统的种类、管路设计及敷设方式、燃气用具安装使用要求等燃料系统的设计说明；锅炉形式、规格、台数及其燃料系统等锅炉房设计说明；气体站房、柴油发电机房、气体瓶组站等其他动力站房的设计说明。

（二）设计图纸

1. 总平面

（1）区域位置图。

（2）总平面图：场地四邻原有及规划道路的位置和主要建筑物及构筑物的位置、名称，层数、间距；建筑物和构筑物的位置、名称、层数；消防车道及高层建筑消防扑救场地的布置等。

2. 建筑、结构

（1）平面图：主要结构和建筑构配件，平面布置，房间功能和面积，安全疏散楼梯、走道，消防电梯，平面或空间的防火防烟分区面积、分隔位置和分隔物。

（2）立面图：立面外轮廓及主要结构和建筑构件的可见部分；屋顶及屋顶高耸物、檐口（女儿墙）、室外地面等主要标高或高度。

（3）剖面图：应准确、清楚地标示内外空间比较复杂的部位（如中庭与邻近的楼层或错层部位）；各层楼地面和室外标高，以及室外地面至建筑檐口或女儿墙顶的总高度，各楼层之间尺寸及其他必需的尺寸等。

3. 建筑电气

（1）消防控制室位置平面图。

（2）火灾自动报警系统图，各层报警系统设置平面图。

4. 消防给水和灭火设施

（1）消防给水总平面图。

（2）各消防给水系统的系统图、平面布置图。

（3）消防水池和消防水泵房平面图。

（4）其他灭火系统的系统图及平面布置图。

5. 防烟排烟及暖通空调

（1）防烟系统的系统图、平面布置图。

（2）排烟系统的系统图、平面布置图。

6. 热能动力

（1）锅炉房设备平面布置图。

（2）其他动力站房平面布置图。

（三）系统的验收

（1）火灾自动报警系统竣工后，建设单位应负责组织施工、设计、监理等单位进行验收。验收不合格不得投入使用。

（2）火灾自动报警系统工程验收时应按要求填写相应的记录。

（3）对系统中下列装置的安装位置、施工质量和功能等进行验收。

①火灾报警系统装置（包括各种火灾探测器、手动火灾报警按钮、火灾报警控制器和区域显示器等）。

②消防联动控制系统（含消防联动控制器、气体灭火控制器、消防电气控制装置、消防设备应急电源、消防应急广播设备、消防电话、传输设备、消防控制中心图形显示装置、模块、消防电动装置、消火栓按钮等设备）。

③自动灭火系统控制装置（包括自动喷水、气体、干粉、泡沫等固定灭火系统的控制装置）。

④消火栓系统的控制装置。

⑤通风空调、防烟排烟及电动防火阀等控制装置。

⑥电动防火门控制装置、防火卷帘控制器。

⑦消防电梯和非消防电梯的回降控制装置。

⑧火灾警报装置。

⑨火灾应急照明和疏散指示控制装置。

⑩切断非消防电源的控制装置。

⑪电动阀控制装置。

⑫消防联网通信。

⑬系统内的其他消防控制装置。

（4）按《火灾自动报警系统设计规范》（GB 50116）设计的各项系统功能进行验收。

（5）系统中各装置的安装位置、施工质量和功能等的验收数量应满足以下要求。

①各类消防用电设备主、备电源的自动转换装置，应进行3次转换试验，每次试验均应正常。

②火灾报警控制器（含可燃气体报警控制器）和消防联动控制器应按实际安装数量全部进行功能检验。消防联动控制系统中其他各种用电设备、区域显示器应按下列要求进行功能检验：

实际安装数量在5台以下者，全部检验。

实际安装数量在6～10台者，抽验5台。

实际安装数量超过10台者，按实际安装数量30%～50%的比例（不少于5台）抽验。

各装置的安装位置、型号、数量、类别及安装质量应符合设计要求。

③火灾探测器（含可燃气体探测器）和手动火灾报警按钮，应按下列要求进行模拟火灾响应（可燃气体报警）和故障信号检验：

实际安装数量在100只以下者，抽验20只（每个回路都应抽验）。

实际安装数量超过100只，每个回路按实际安装数量10%～20%的比例进行抽验，但抽验总数应不少于 20 只。

被检查的火灾探测器的类别、型号、适用场所、安装高度、保护半径、保护面积和探测器的间距等均应符合设计要求。

④室内消火栓的功能验收应在出水压力符合现行国家有关建筑设计防火规范的条件下,抽验下列控制功能:

在消防控制室内操作启、停泵 1~3 次。

消火栓处操作启泵按钮,按 5%~10% 的比例抽验。

⑤自动喷水灭火系统,应在符合现行国家标准《自动喷水灭火系统设计规范》(GB 50084)的条件下,抽验下列控制功能:

在消防控制室内操作启、停泵 1~3 次。

水流指示器、信号阀等按实际安装数量的 30%~50% 的比例进行抽验。

压力、电动阀、电磁阀等按实际安装数量全开关部进行检验。

⑥电动防火门、防火卷帘,5 樘以下的应全部检验,超过 5 樘的应按实际安装数量的 20% 的比例(不小于 5 樘)抽验联动控制功能。

⑦防烟排烟风机应全部检验,通风空调和防排烟设备的阀门,应按实际安装数量的 10%~20% 的比例抽验联动功能,并应符合下列要求:

报警联动启动、消防控制室直接启停、现场手动启动联动防烟排烟风机 1~3 次。

报警联动停、消防控制室远程停通风空调送风 1~3 次。

报警联动开启、消防控制室开启、现场手动开启防排烟阀门 1~3 次。

⑧火灾应急广播设备,应按实际安装数量的 10%~20% 的比例进行下列功能检验。

对所有广播分区进行选区广播,对共用扬声器进行强行切换。

对扩音机和备用扩音机进行全负荷试验。

检查应急广播的逻辑工作和联动功能。

⑨消防专用电话的检验,应符合下列要求:

消防控制室与所设的对讲电话分机进行 1~3 次通话试验。

电话插孔按实际安装数量的 10%~20% 的比例进行通话试验。

消防控制室的外线电话与另一部外线模拟报警电话进行 1~3 次通话试验。

⑩火灾应急照明和疏散指示控制装置应进行 1~3 次使系统转入应急状态检验,系统中各消防应急照明灯具均应能转入应急状态。

(6)本节各项检验项目中,当有不合格时,应修复或更换,并进行复验。复验时,对有抽验比例要求的,应加倍检验。

(7)系统工程质量验收评定标准应符合下列要求:

系统内的设备及配件规格型号与设计不符、无国家相关证明和检验报告的,系统内的任一控制器和火灾探测器无法发出报警信号,无法实现要求的联动功能的,定为 A 类不合格。

验收前提供资料不符合《火灾自动报警系统施工及验收规范》(GB 50116)第 5.2.1 条要求的定为 B 类不合格。

除 1、2 款规定的 A、B 类不合格外,其余不合格项均为 C 类不合格。

系统验收合格评定为:A=0,B≤2,且 B+C≤检查项的 5% 为合格,否则为不合格。

模块总结

1.学生通过本模块的学习能掌握消防系统工程设计文件的组成,并对文件格式以及相关计算设计有较为深入的了解。总体而言,要掌握一定的消防系统工程的设计能力。

2.学生掌握消防系统工程的图纸绘制,包括消防系统的平面图和系统图。学生应该熟练掌握 CAD 图纸的绘制能力,以及采用标准的消防设备图标进行制图。

3.了解火灾自动报警系统的验收要求及主要规定。

参考文献

[1] 王建玉. 消防报警及联动控制系统的安装与维护[M]. 北京:机械工业出版社,2011.

[2] 张树平. 建筑防火设计[M]. 北京:中国建筑工业出版社,2009.

[3] 石敬炜. 建筑消防工程设计与施工手册[M]. 北京:化学工业出版社,2013.

[4] 龚延风,张九根,张文全. 建筑消防技术[M]. 北京:科学出版社,2009.

[5] 王建玉. 消防联动系统施工[M]. 北京:高等教育出版社,2005.

[6] 盛建. 火灾自动报警消防系统[M]. 天津:天津大学出版社,1999.

[7] 郎录平. 建筑自动消防工程[M]. 北京:中国建材工业出版社,2005.

[8] 孙景之,韩永学. 电气消防[M]. 北京:中国建材工业出版社,2005.

[9] 芮静康,韩永学. 建筑消防系统[M]. 北京:中国建材工业出版社,2006.

[10]《火灾自动报警系统设计规范》(GB 50116—2013)[S]. 北京:中国计划出版社,2013.

[11]《火灾自动报警系统施工及验收规范》(GB 50166—2014)[S]. 北京:中国计划出版社,2014.

[12]《建筑设计防火规范》(GB 50016—2014)[S]. 北京:中国计划出版社,2014.

[13]《自动喷水灭火系统设计规范》(GB 50084—2014)[S]. 北京:中国计划出版社,2014.

[14]《自动喷水灭火系统施工与验收规范》(GB 50261—2005)[S]. 北京:中国计划出版社,2005.

附件 1

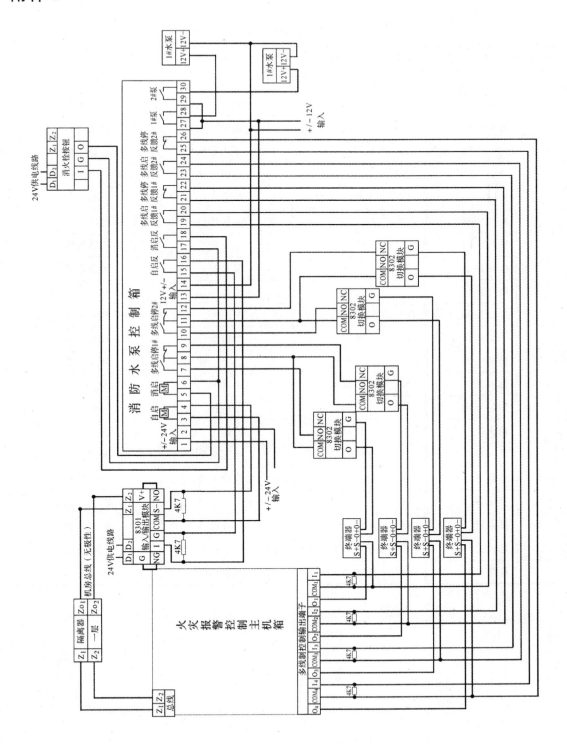

附件 2

外部设备定义表

代码	设备类型	代码	设备类型	代码	设备类型	代码	设备类型
00	未定义	22	防火阀	44	消防电源	66	故障输出
01	光栅测温	23	排烟阀	45	紧急照明	67	手动允许
02	点型感温	24	送风阀	46	疏导指示	68	自动允许
03	点型感烟	25	电磁阀	47	喷洒指示	69	可燃气体
04	报警接口	26	卷帘门中	48	防盗模块	70	备用指示
05	复合火焰	27	卷帘门下	49	信号碟阀	71	门灯
06	光束感烟	28	防火门	50	防排烟阀	72	备用工作
07	紫外火焰	29	压力开关	51	水幕泵	73	设备故障
08	线型感温	30	水流指示	52	层号灯	74	紧急求助
09	吸气感烟	31	电梯	53	设备停动	75	时钟电源
10	复合探测	32	空调机组	54	泵故障	76	警报输出
11	手动按钮	33	柴油发电	55	急启按钮	77	报警传输
12	消防广播	34	照明配电	56	急停按钮	78	环路开关
13	讯响器	35	动力配电	57	雨淋泵	79	未定义
14	消防电话	36	水幕电磁	58	上位机	80	未定义
15	消火栓	37	气体启动	59	回路	81	消火栓
16	消火栓泵	38	气体停动	60	空压机	82	缆式感温
17	喷淋泵	39	从机	61	联动电源	83	吸气感烟
18	稳压泵	40	火灾示盘	62	多线制锁	84	吸气火警
19	排烟机	41	闸阀	63	部分设备	85	吸气预警
20	送风机	42	干粉灭火	64	雨淋阀		
21	新风机	43	泡沫泵	65	感温棒		

附件 3

"楼宇消防系统设计与施工"课程学生核心能力评价表(学生用)

项目名称：_____　　评价小组：_____　　点评员：_____　　评价时间：_____

项目评价\组别	与人合作能力 10分	与人交流能力 10分	语言表达能力 10分	自我学习能力 10分	信息处理能力 20分	解决问题能力 10分	专业能力 30分	总评
第一组								
第二组								
第三组								
第四组								
第五组								
第六组								
第七组								
第八组								
第九组								
第十组								

附件 4

"楼宇消防系统设计与施工"课程学生核心能力评价表(教师用)

项目名称:_____   评价教师:_____   评价时间:_____

项目得分\组别	与人合作能力 10分	与人交流能力 10分	语言表达能力 10分	自我学习能力 10分	信息处理能力 20分	解决问题能力 10分	专业能力 30分	点评员	总评
第一组									
第二组									
第三组									
第四组									
第五组									
第六组									
第七组									
第八组									
第九组									
第十组									

附件 5

"楼宇消防系统设计与施工"课程学生核心能力总评价表(学生用)

项目名称：_____　统计与结算小组：_____　统计与结算时间：_____

项目得分＼组别	第一组评价	第二组评价	第三组评价	第四组评价	第三组评价	第二组评价	第一组评价	第二组评价	第一组评价	第二组评价	总评
第一组总评											
第二组总评											
第三组总评											
第四组总评											
第五组总评											
第六组总评											
第七组总评											
第八组总评											
第九组总评											
第十组总评											

附件 6

"楼宇消防系统设计与施工"课程学生核心能力总评价表

项目名称：_____　　统计与结算小组：_____　　统计与结算时间：_____

组别 \ 对象 得分	学生评价 30%		教师评价 70%					总评
	各组总评	30%	教师一	50%	教师二	50%	小计	
第一组总评								
第二组总评								
第三组总评								
第四组总评								
第五组总评								
第六组总评								
第七组总评								
第八组总评								
第九组总评								
第十组总评								